JN287958

愛されるクルマの条件

こうすれば日本車は勝てる

立花啓毅

愛されるクルマの条件

こうすれば日本車は勝てる

はじめに

本を購入していただいたにもかかわらず、冒頭から「本など読むな！」という暴言を吐かなければならない状況に、今の日本はあると思う。

かつて日本商品の強みだった「安くて高品質」は、今や中国に取って代わってしまった。しかも残念なことに我々は、相変わらずキャッチアップを続け、効率やバリュー・フォー・マネーという、一面的な捉え方だけでしかモノ作りができず、打つ手のないまま時間を無駄にしている。

今、我々に必要なのは、他国が追随できない文化的背景のあるモノ、または先進技術によって、日本のモノ作りの位置づけを明確にすることであると思う。そうでないと日本のモノは世界から忘れさられ、存在する意義すらなくなってしまう。

読者の中には、なんらかの形でモノ作りに携わっている方がおられるだろう。その方々にぜひ聞いてほしいことがある。

それは今まで学校で学んだこと、あるいは本やテレビで知ったこと、それらを一度、すっぱり忘れてほしい。そして自分の手に油して覚えたことだけを大切にし、その積み重ねの中で思考し、モノ作りに励んでいただきたいのだ。

自分で体験していないものは、知っていても、知っているつもりでしかなく、それでは人が感動するモノは作れない。

モノは、プラスティックの皿茶碗でも、古い伊万里の茶碗でも、いや最新技術の塊であるクルマでさえ、作り手の「器」に比例する。

そして、その器とは頭の良し悪しではなく、その人がこれまでに培ってきた経験であり、それらが積み重なった「情緒」という名の器である。

さらに情緒とは、喜怒哀楽や好き嫌いの感情でものを言う原始的なものではなく、個人の文化であって、それは美しいものに対する感受性であり、感動する心であり、また人の心の痛みや、ものの哀れを感じる心にほかならない。

その情緒は、勉強したからといって育まれるものではない。親から愛されたこと、恋をして心が熱く燃えたこと、喧嘩をして悔し涙を流したこと、汗をかいて成しえた達成感、手に油してモノを作った満足感、あるいは家族の死による悲しみ――。こうした、ひとつひとつの心の感動が、情緒を育むのである。

今、モノ作りに求められるのは、従来のような効率一辺倒ではなく、作り手それぞれがユニークな器を持ち、最終的に経営者が情緒的判断を下すというものではないだろうか。そういった活動が創造性を豊かにし、個性的なモノを創り出すと言えよう。

本編でも触れているが、「日本たたき」で有名なブレストウィッツ氏は、日本の将来を危惧して次のように発言している。

「日本はかつて、がむしゃらに頑張った結果、各国から『ジャパン・バッシング』を受けた。ところが今は中国が強くなったため、いわば『ジャパン・パッシング』となり、日本をパスして世界が動いている。しかし、この先は『ジャパン・ナッシング』になるだろう」

まさにそのとおりで、日本はこのままでは亡国になってしまう可能性が高いように思う。

モノ作りには作り手の情緒が問われるが、その結果としてできたモノは「人を育てる」とも言える。人は生を受けてから死を迎えるまで、多くのモノと一緒に暮らしていくが、どんなモノと暮らすかによって、おのずとその人の価値観が形成されるからだ。「いいモノは人の情緒を育む」と言い換えてもよい。

そう考えると、今のような、表層的で売れれば官軍的なモノ作りでは日本を駄目にし、明日はないといっても過言ではないだろう。

モーターサイクルとクルマを作ることに、人生の大半のエネルギーを注ぎこみ、その長い間にこのような想いが醸成され、私なりに頑張ってきたつもりである。しかし、残念ながら、私の携わってきたクルマは世界から尊敬されるに至らなかったようだ。だからこの想いが次の世代に受け継がれ、いつの日か、日本のクルマが、いや日本の国が世界の人々の憧れの対象になることを願ってやまない。

そのようなことを考え、クルマ好きの一技術屋が再び慣れないペンをとった。本書でも同じことを繰り返して言うかもしれないが、どうかご容赦いただきたい。なぜならこれは、自分の揺るがぬ考え方であり、信念であるため、どうしても主張しておきたいからだ。

最後に、本書を執筆するにあたり、多くの方々にひとかたならぬご尽力をいただいたことに、御礼申し上げる次第である。

平成16年11月

立花啓毅《たちばなひろたか》

目次

第1章

モノは人を育てる

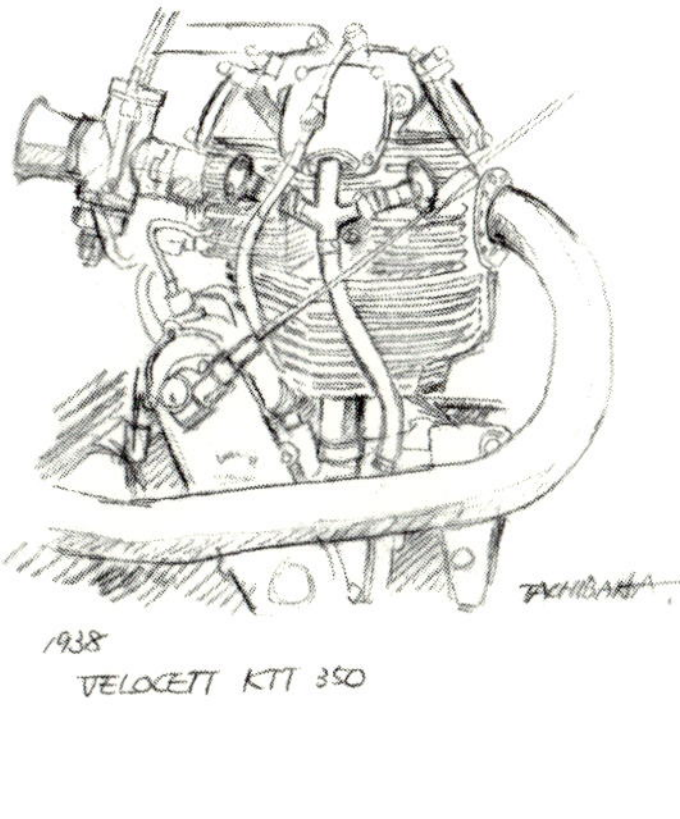

1-1　家は人を育てる

僕が幼いころの東京は、焼夷弾《しょういだん》で焼き尽くされ、一面が焼け野原だった。人々は焼け跡に廃材やみかん箱を打ちつけたようなあばら家に住んでいた。あたりには錆びた自転車や焼夷弾が散乱し、その鉄くずを集めて商いにする屑鉄屋があちこちにあった。

父親の帰宅は常に深夜だったが、その日は特別に早く、三輪車を手にして帰ってきた。たぶん僕の3歳の誕生日だったと思うが、この三輪車を手にした時の嬉しさは、例えようがないほどで、夜遅くまで我家のLの字型に曲がった狭い廊下を行ったり来たりしていた。おそらく僕は、この時からクルマ好きになったように思う。

この三輪車も焼け跡にあったのだろう。真っ赤に錆び、タイアもつるつるだったが、その上にあずき色のペンキを、ハンドルからホイールまでベタベタに塗ってあった。それでもサドルに包装紙が巻かれているだけで立派なプレゼントに見えた。

小学校に行くようになると、セルロイドの筆箱にお気に入りの小刀を入れていた。これは3mmぐらいの鉄板に焼きを入れ、グラインダーで研《と》いだものだが、それが格好よく、鉛筆を削り、机に名前を刻んだりしていた。切れなくなると砥石で研いでいたが、この小刀には特別の魔力があり、それを持っているだけで自分が強くなったような気がした。

もうひとつ僕を強くしてくれたものに、ごつい大人用の黒い自転車がある。三角乗りして、腰には竹の刀を差し、得意な顔をして縄張りを回っていた。もちろん、自転車の修理なんていうのは得意中の得意で、焼け跡で拾った錆びたスパナとペンチがあれば、どんな修理もできた。

人は一生の間に、2万個のモノを使って暮らすと言われているが、我々は無意識のうちに、モノによって育てられているように思う。そのため、どういう2万個と一緒に暮らすかによって、おのずとその人の価値観が形成される。ふだん使っている言語もなぜか2万個あると言われているから、なんらかの因果関係があるのかもしれない。

この2万個の中でも、「家」は人を育てる特別な存在である。

昔の家は、土間の台所と居間がつながり、子供は家事をする母親の横で勉強をしていた。勉強が終わると手伝いが待っていて、井戸でガチャンガチャンと水を汲み、風呂を沸かし、道路を掃いていた。

食事は小さなちゃぶ台を家族で囲み、父親は上座の真ん中に座っていた。後片づけも子供が手伝い、そのちゃぶ台を片づけて布団を敷けば、そこは寝室に変わった。正月に親戚が集まると、襖《ふすま》を外して広間を作り、お重を開き、酒を酌み交わす。そうして年に一度、元気な顔を見せ合う場があった。

　このように日本の家屋は、家族みんなが力を合わせて生活するように考えられ、また、ひとつの部屋をいく通りにも使い分けられる合理性がある。これが欧米とは違う日本人の合理だと思う。

　さらに日本の民家には、自然の風物に溶けこんだ美しさと、隣人との和を保つ機能もあった。隣家との境は低い生垣で囲われ、木戸が付き、人はそこから出入りし、庭には柿や椿、椎の木が自然の姿で立っていた。隣人と濡縁《ぬれえん》で茶を飲み、漬物をつまみながら、夏には朝顔を眺め涼しさを感じた。背中には障子があって、部屋へとつながり、部屋と部屋は襖によって仕切られ、そこを風が流れる。

　日本家屋は材質も紙と木と土だから、自然そのものといえる。そこには端正で凛とした美しさがあり、自然と共存する生活があった。今では考えられないが、これが50年前の東京・世田谷の生活だったのだ。


　ところが都市化の進む現代、日本家屋の素晴らしさは忘れ去られてしまった。効率という尺度で判断するため、部屋を閉めきりエアコンの効いた人工的な環境が心地よいと錯覚してしまう。確かに古い家屋は隙間だらけで、家の手入れは大変である。しかし家を、こういった自然と共存し、家族が互いに支えあうものに戻すことにより、日本人の心が再び育まれるように思うのだ。

今の家は玄関の横に階段がある。２階に立派な子供部屋を作り、そこにはゲームからテレビ、電話まで揃っている。子供は玄関からそのまま自分の部屋に入れるから、いやだったら母親と口をきかないで済んでしまう。

今や日本の子供は家事も手伝わず、贅沢な暮らしをするようになった。いや、そうではなく、日本の家庭から家事が消えてしまったのだ。家電が家事を手伝ってくれるが、夕食ですら包丁も鍋も使わず〝チン〟で終わってしまう。それは「効率」という尺度の物差しか持たないからであろう。

翻って、我々が目標としてきたはずの欧米の家々は、狭い屋根裏にベッドしかなく、子供は大きなリビングの母親の横で勉強し、遊び、屋根裏で寝る。我々は彼らの生活に憧れて頑張ってきたが、それは家族の絆に対しての憧れではなく、西洋風の家に住むことへの憧れだった。

家の造り方もそうだ。日本は木造だから、西欧と違って古いものが残らないというが、英国の何百年も続くサッチド・コテージも木造である。木造だからではなく、いいモノを大切にしようという暮らしの仕方が違うのだ。

時々、知人から招待を受けてご自宅に伺うことがある。すると、お決まりのように玄関の横にはピカピカのＢＭＷが停まっていて、それを見ながら家に入る。西洋風の家からはブランド品で身を包んだ奥様が出てこられ、「主人がお世話になっております」と挨拶をされる。よく見るとエプロンにもブランドのロゴが入っている。

で、その西洋風の家はというと、住宅メーカーの謳い文句である「プロバンスの風を感じて……」というキャッチコピーが聞こえてくるようなデザインで、ここもお決まりのレンガ柄を印刷した樹脂ボードが張られ、インテリアも西洋のまがい品で飾り立てられている。そして会話も「ウチの子供は私立のどこどこに通っておりまして……」とブランド校を挙げる。こういった生活が幸せの象徴であるかのようだが、私にはどう見ても、まがい物に囲まれた「規格品の幸せ」であるようにしか映らない。

そんな具合に、日本中どこに行っても安普請の新しい家になってしまった。それは行政が景気対策の一環で住宅建築を促進し、しかも耐用年数が25年しかないからだ。そのため生産廃棄物の60％を住宅廃材が占めているという。ちなみに住宅着工件数は、人口が約2倍の米国のなんと2・6倍（1・26億人で年間１４０万戸もの家を造っている）もある。

子供を育む場所である学校も「効率」という尺度で判断されるため、次々に安普請の校舎に建て替えられた。趣《おもむき》を残しているのは東大の赤門ぐらいではなかろうか。学校というのは学問や情緒を育む場であるから、効率で判断すること自体が問題で、味もそっけもなく、さらに緑の木立すら少ないというのは憂慮すべきことだ。

駅や港も同様で、そこは人が交わり、地域らしさやロマンを感じる場だが、レンガ造りの東京駅でさえ殺伐とし、ましてや居住地域を結ぶ小田急沿線などは、心豊かな生活とは無縁の佇まいである。

街は派手なコンビニと安普請な家々で埋め尽くされ、子供はこの安普請の中で育ち、良いモノを知らずに安普請の大人になる。

ときどき街の景観とは何だろうかと思う。

日本に来た外国人は口を揃えたかのように「日本の自然は美しく、山には清水が湧き、緑の濃淡が素晴らしい」と感心する。私も山歩きの好きな友人に誘われて山陰の山々を歩くときがあるが、空気が旨く、緑の濃淡や葉こぼれの日差しが気持ちよく、その代えがたい心地よさは、浮世の垢まで落としてくれるほどである。

ところが麓に下りると景色は一変し、ゴミ溜めへと変貌するのだ。田んぼの中の巨大なパチンコ店、村のシンボルをあしらった派手な橋の欄干、新建材とプラスチックの波板、極彩色の看板に中古車屋の昇り旗、などなど数え上げたらきりがない。日本の自然は世界一美しいが、人が住むと汚くなる。それは「美意識」を、戦後すべて忘れてしまったからにちがいない。

この日本人の美意識について、歴史学者の木村尚三郎氏は次のように言う。

「日本が最も汚い時期は、昭和初期から高度成長が終わるまでの約50年間で、日本人は『美意識』も『美学』も忘れ去ってしまい、それがいまだに尾を引き、街を汚くしている。その結果、どこの国へ観光に行きたいかという調査結果を見ると、1位はやはりフランスで、日本はなんと情勢が不安定なクロアチアに次ぐ32位なのである」

ちなみに知っている国を32ヵ国挙げろと言われても、なかなか口をついて出てこないのと同様に、日本とはそういう位置づけの国でしかないのかもしれない。


以前、家族4人でヨーロッパをクルマで一周したことがある。3週間も会社を休むのだから、顰蹙を買っての旅だったが、無理をしてまで旅に出た甲斐があり、言葉に表せない楽しい経験をした。

観光地はできるだけ避け、気ままにルートを選び、ホテルも食事もその地方らしいものにすると、そこに住む人々の生活や地域らしさが感じられ、それが実によかった。同じドイツでも旧東ベルリンからワイマール、ミュンヘンへと南下するだけで、建物も、家具も、食器も、いや人の顔までも変わったように思うほど、地域らしさが色濃く表れる。さらにアルプスを越えミラノまで下り、マルセイユまで行くと、また違った文化に接することができる。貧乏旅行だったが、運転を代わりながら、あっちを見たり、こっちを見たり、あれを食べたり、これも食べたり、迷子になったり、クルマが消えたり、いろいろあった。旅の楽しさは、こうしてそこに住む人々の生活や彼らの文化に接したときに感じられる。

街というのは、そこに住む人々の生活が匂いとなって漂う。つまり「家の中の延長に街がある」と言える。日本人は世界一きれい好きと言われ、毎晩風呂に入り、朝シャンまでするのに、住んでいる家と街並みはなぜか汚い。そう考えると、家は人を育てるだけでなく町を作り、その町や地域らしさが、また人を育てるように思う。

1-2 効率とは何のためだろうか

我々は当たり前のように文化より経済を優先し、効率の悪いものは悪の根元かのように排除し、すべてを効率という尺度でしか見ることができなくなった。その結果、趣のある建物は取り壊され、効率を追求した派手なコンビニが氾濫し、街の景観が崩れてしまった。

このコンビニが増殖し専門店が消えた現状は、我々消費者の責任だと思う。そんなこともあって、私はできるだけ専門店で買い物をするようにしている。当たり前だが、魚は魚屋で、野菜は八百屋で買う。酒も日本酒はあまり飲まないが、できるだけ日本酒を買うようにしている。というのは、酒蔵が消えて、そこにコンビニやスーパーでもできたら町が汚くなるからだ。

時計でもこんな経験をした。40年間も使ってきたコスモグラフが壊れたので、日本ロレックスに修理に出した。すると受付の女性が「部品がありませんから修理はできません」と言う。英国製のモーターサイクルの部品は戦前のものでも手に入るのに、ゼンマイひとつすらないのも腑に落ちないが、分身のような時計を事務的に言われたのも面白くなかった。その後、学芸大学駅近くにある修理屋を紹介してもらい行ってみると、奥からお爺さんが出てこられ、「これはいい機械じゃあのぉー、なんとかしてあげよう」と言ってくれた。そして裏ルートから部品を取り寄せ、ないモノは旋盤で挽いて、先日やっと出来上がった。こういった店が消えては困るので、なんでもこのお爺さんから買わねばと思う。

この店のお蔭で、愛着のある時計がまた使えるというのは実に嬉しかった。これが専門店の強みで、皆で商店街を活用すれば町は元気を取り戻す。

最近は小さな地方都市でも、郊外に大型スーパーやモールができ、休みになると日課のようにクルマに乗って買い物に出掛ける。そのため駅前の商店街は櫛の歯が抜けたようにさびれてしまった。おそらく郊外型スーパーの誘致はアメリカの影響なのだろうが、当のアメリカでさえ一部ではすでに反省が出ていて、買い物など日々の生活は、歩くか自転車で行ける範囲にあることが大切で、自分の町を大切にしようという活動が起きはじめている。

ちょっとした買い物に排気ガスを撒き散らすだけでなく、休みの貴重な時間がスーパーの買い物で終わってしまうのだ。一見、効率がよく思えた事務的な大型スーパーより、地元の商店の方が会話もあって遥かに楽しい。それで自分の町が元気になるのだから、やはり地元で買い物をしなければと思う。

そういった面で私が一番感激したところは、ワイマールというフランクフルトから200kmほどにある小さな町だ。なにしろここに住みたいと思うほど、そのすべてが素晴らしい。買い物も、役所も、郵便局も、コンサート・ホールも歩いていける範囲で、急ぐときでも自転車があれば用が足りてしまう。その行き交う道は緑にあふれ、家並みを見ているだけで楽しく、広場では老人が日向ぼっこをする横で、若者がストリート・ライブを行なっている。その広場に向いたカフェの椅子に座ってビールを飲むと、自分が旅行者であることを忘れてしまうほどのんびりする。もし、今住んでいる町がこんなふうだったら、どんなに暮らしが楽しいものかと思う。ワイマールはそう思わせる町なのだ。

確かに我々の生活は、クルマも、道路も、コンビニも、いやいやケータイから電子機器まで至れり尽くせりで、生活の効率は考えられないほど良くなった。しかし効率というのは何のためにあるのだろうか。経済効果を高めるためというなら、経済とは何のためにあるのだろうか。答えは明白で、経済は人々を幸せにするための活動だが、実際はその経済を動かす「金」に振り回され、とりあえずの「金」が主体となり、本来求めていたはずの「幸せ」を見失っているように思うのだ。

では「幸せ」とはなんだろう。

私は陽気なスペインが好きで、種々の理由を見つけては滞在していた。ここは陽気なだけでなく、歴史が深いため、彼らの文化に触れるのもなかなか楽しい。

そこに住む彼らの生活を見ていると、はやばやと仕事を切りあげ、シャワーを浴び、夕方になると夫婦でそぞろ歩きをしながら居酒屋を回っている。我々よりはるかに低収入のはずなのに、誰もが生活を楽しんでいるのだ。だから、スペインは国民ひとり当たりのバーの数が世界一多いというのも妙に納得してしまうのだが、子鰯の〝テンプラ〟を皿に盛って生ビールを注文しても、カウンターや外のテーブルで飲んでいれば300円ぐらいで済んでしまうというのにも驚く。

金がなくても、あくせくせずに日々の生活が楽しめるのだ。知人に聞いてみると、「家は代々続いたものを受け継ぎ、子供がいても学校を卒業すれば独立するので、一切、面倒をみることもない。だから金銭的なストレスも、老後の心配もなく、小銭で毎日が楽しいのだ」という。

日本では、男子一世一代の大仕事は家を建てることであるから、通勤に2時間も掛かるところに頑張って建てる。お父さんは残業も通勤の苦しさも、家族の幸せのために耐え忍んでいるが、悲しいかな、その家は25年しか持たないのだ。

だから我々は脳天気になれないのかもしれないが、日本も悲観することばかりではない。バブルの崩壊が、「効率」や「金」以外に別の価値観があることを教えてくれた。我々は長い間、学歴から地位、さらには住居地まですべてにヒエラルキーを作り、常に上を向いてその階段を登ることが成功の証だと信じ、さらにそれが家族の幸せにも繋がるかのように思い頑張ってきた。しかし今、この階段を登ることと幸せは同一でない、ということに気づきだしたのだ。

1-3 心の贅沢を感じるモノ

もうだいぶ前のことだが、我家は「プラスチック製品の排斥活動」を行なった。バリュー・フォー・マネーで考えれば、台所用品はプラスチックが合理的だが、それでは補えないものがあるように思えたからだ。

食器も、丈夫で安いことだけを考えればプラスチックになってしまうが、それまでに少しずつ集めていた古い伊万里の染付に替えた。すると、別にどうってことのない料理まで旨く感じる。器を変えると、漫談の「隣の蒲焼の匂いで三杯の飯を喰う」と同じ効果があったのだ。当時は伊万里でも皿茶碗ならまだ数百円であったから、金を使わずして旨い飯が食べられるという寸法である。

使い込むことによって良さが出るものも好きで、笊《ざる》も腐るかもしれない竹に替えたが、何年使っても腐らなかった。

昔は何も考えず、日々当たり前のようにこういった味のある生活をしていたが、戦後、アメリカに倣ったためか、日本流の合理性を忘れ、物事をON／OFF的に考えるようになってしまった。しかし、合理性にはそれぞれ国の考え方が反映されるもので、ドイツにはドイツ人の合理が、フランスにはフランス人の合理があるように、日本には日本人の合理があるはずだ。

たとえば民家に見られるように、自然に逆らわない生活の仕方が日本人の合理を作りだしている。前述のひとつの部屋をさまざまな用途に使うというのもそうである。また、昔から「立って半畳、寝て一畳、そして生活するには一反の土地」と言われるように、1反（300坪）を生活の単位として、そこで家族のための野菜を作り、生活のゴミは畑に埋めるというのもそうだ。

さらに、「植林」という考え方も日本特有の合理で、森林から木を切り出し、家を建てても、植林することで山は緑が保たれてきた。考えてみると、日本は昔から当たり前のようにリサイクルを行なってきたわけだ。ここがアメリカ人の開拓者精神とは根本的に違うところで、これぞまさしくゼロ・エミッションのリサイクル生活だった。

ところが今や、日本はゴミ大国になってしまった。

翻って考えてみると、我々は、戦後、ひもじい生活に耐えていたが、アメリカ文化の片鱗を知った。それは進駐軍が放出したチョコレートの旨さであり、テレビや映画で垣間見た緑の芝生に白い家であり、大きな冷蔵庫と洗濯機であり、メッキのバンパーが光ったアメリカ車であった。

そして敵対国であったはずのアメリカに憧れたのである。いやアメリカという国ではなく、華やいだアメリカ的生活を演出するモノに憧れたのだ。そして、その結果、日本中の誰もが物欲に駆られ、唯金、唯物を志向した。

また、彼らの使い捨て文化は贅沢の象徴であるかのように映り、我々は一気に使い捨てに走った。その使い捨てがいまだに続き、昨今ではクルマから家までもが使い捨てだ。さらに消費速度は加速度的に早まり、今やカフェやレストランまで使い捨てになっている。開店当初は「あそこ知っている？　この前行ったらねぇ、なかなかお洒落なのよ……」という人気レストランも、1年もすると「あそこ、古いーィ」で、女の子の間では終わってしまう。日本中のすべてが使い捨てになってしまったのである。

戦後間もないころ、ゴミを燃やしていると、隣のおばさんが「お宅はお金持ちねー」と話しかけてきた。貧乏の時代はゴミが出ることはお金持ちであることを意味していた。今やアメリカイズムに侵され、ゴミ大国となった日本は、やはりお金持ちということなのだろうが、近いうちにゴミが出ることは「恥」という時代が来るだろう。

前述の個人の生活単位と同様に、国としての生活単位もあるわけだが、現在の日本は、減反を進めている一方で、食料の60％は輸入しなければならない。石油に至っては99・7％を輸入しており、備蓄量を増やしたといっても、わずか156日分にしかならない。もし兵糧攻めにあったら、日本は何日もつのであろうか、と心配してしまう。

食料は次の時代を制するとも言われ、主要各国はすでに準備を進めている。それは当然で、食料も、学力も、石油も、国の生活単位として必要な国力なのである。日本人は日々贅沢をし、ムダな浪費などしている場合ではない。


ところで、我々は「米」を買う時は何を基準にして買っているだろうか。誰もが味を求めて、ササニシキがいい、いやコシヒカリがいいと、「材料」の良し悪しに金を払っている。次に「洗濯機」の場合は、ファジーがいい、いや一体型のドラム式がいいと、誰もが「機能」を求め、それはテレビや冷蔵庫、パソコンも同様で、材料の鉄板やプラスチックでなく、「機能」で選んでいる。

では「本」はどうであろうか。材料の紙でも、機能でもなく、著者が言わんとする「心」というか、何か感じうる「情緒」を求めて金を払っている。それは映画や芝居、コンサートも同様である。

さて「クルマ」だと、人は何に対して大金を払うのだろうか。単に性能や機能の高さだけでなく、クルマを通して感じうる何かに大枚を払っている。ある人は子供の時の憧憬《しょうけい》であったり、また、ある人は女を口説く道具かもしれないが、レースで伝説を作り上げた名車だったりすると、モノよりはそのシーンと自分がラップし、憧憬にも似た想像に大枚を払ってしまう。別にレースでなくても、「文化」を感じるモノが心を贅沢にしてくれる。

我々が憧れる名車は、おそらく日本車の70％ぐらいの技術力で作られているが、日本車の何倍もの金を払っても欲しいと思う。それはクルマの持つ文化に金を払っているということになる。

その文化には、若い時には気づかずにいても、歳を経ると共にその良さが判るものがある。私は今までに多くのクルマやモーターサイクルに乗ってきたが、その中で鮮明に記憶しているモノと、すでに忘れてしまったモノははっきりしている。

鮮明に記憶しているモノは、そのモノを通じて当時の情景や、さまざまな出来事が思い出され、たとえば、私はＡＪＳの３文字だけで、連鎖反応的に学生時代の記憶が走馬灯のように甦《よみがえ》ってくる。

このバイクは54年のＡＪＳモデル16というＯＨＶの３５０ccだが、単気筒乗りをすると、後輪が校庭の芝を十数メートルも削り取ってしまうほどだった。単気筒乗りとは回転を高めたまま、フライホイールマスを使って走らせる方法で、とてつもない威力を発揮する。

私は学校にも、革ツナギを着て、メガホン型の排気管から誇らしげな爆発音を響かせながら登校し、そのＡＪＳを教室の窓の下に停めて、それを踏み台に窓から出入りしていた。

当時はＡＪＳの良さが何であるかも、さほど判らずに乗っていたが、他のバイクとは違うＡＪＳの気品と力強さが、この時から私の中で物差的役割を持つようになった。

しかし私は今になって、ようやくＡＪＳの「歳と共に判るモノの良さ」を認識したのだ。それ以外に同じ思いを抱いているモノとして、ＭＧ Ｂを筆頭に、ローバー２０００、シトロエン２ＣＶが挙げられる。モーターサイクルでは51年のトライアンフ・トロフィー、40～50年代のマチレス、ベロセットがそれに当たる。そのリストには、なぜだかＢＭＷもポルシェ９１１もアルファも出てこない。レース用のＣＢ-92やＣＲ-71も同様で、時代を突き抜けた高性能マシーンとしては素晴らしいが、「歳と共に判るモノの良さ」という面では心に残らない。

いっぽう、青春時代とラップして懐かしく思うモノは、兄貴の55年型シボレー・ベルエアや、ストックカーレース用のプリマス・フューリーなどで、アメリカ車はその時代の象徴であったが、歳と共に判る良さがあったかというとそうではない。

この選択は人によって違うとは思うが、映画も小説もクルマも、人は目に見えるものだけでなく、見えない内面的な奥の深さがあればあるほど想像を膨らます。これが楽しい。女性についても同様で、頭の中で勝手に想像できる奥があると魅力的に感じる。この内面的な奥の深さが心を贅沢にしてくれるのだ。

そう考えると、今、心の贅沢には、次の三つの志向があるといえる。

ひとつ目は「自然回帰の志向」である。まさにガーデニングはその最たるものであり、山歩きもそうだ。さらにはゴミや排気ガスを減らすなど、自然を大切にすることにより、自分の中に充足を感じる贅沢である。

ふたつ目は「日本回帰の志向」である。西洋かぶれ一辺倒から、日本の良さを再認識し、浴衣を着て祭りに繰り出したり、茶の湯を味わう人が増えてきた。日本文化の中にたおやかさを求めて、充足感を味わう贅沢である。

三つ目は「浪漫回帰の志向」である。これは人間らしさや心の優しさを大切にするもので、阪神大震災以降、ボランティア活動に力を注ぐ人が増えたのもそのひとつだろう。情緒や心の自由を重んじる贅沢である。

今、人々はこの三つの贅沢を志向しつつあるが、根底には「金」の力ではなく、心の味わいと、時間の力があってこそ成しうる満足があるといえよう。

1-4 いいモノは人の情緒をも育む

この心の味わいを感じるモノのひとつに、明の壺がある。

中国の元から明の時代（日本の鎌倉～室町時代にあたる14世紀末）に作られた青花《せいか》、日本では染付とよばれる磁器は、迫力にあふれ器形の上にペルシャから輸入したコバルトで、種々の模様が描きこまれている。私の好きな蓮池魚藻文《れんちぎょそうもん》は、その鋭い筆使いと器形が相まって、周りの空気までをも変える気迫を感じる。土を練っただけの素朴なモノが、凛とした空気を放ち、素人を寄せつけない雰囲気を漂わせているのだ。

実は、この蓮池魚藻文を倉敷の骨董屋で見つけたことがある。高鳴る気持ちを抑え、自分の眼力を頼りに大枚をはたいた。ところがである。暫くたってそれが本物ではないことに気づいたのだ。作り方は高台も腹胴の合わせも当時の技法だが、間違いなく偽物なのである。蓮池魚藻文は本や美術館でしか知らず、今まで手にしたことがなかったため失敗したのだった。やはり、頭では知っているつもりでも、眼が利かなかったのである。高い授業料を払ったが、それで判ったことは、肌で覚えなければ目利きにはなれないということだった。また、偽物というのは、ただ置いておくだけで化けの皮が剥がれるということもわかった。

明から少し時代を後にする朝鮮の李朝の壺は、肩に丸みを帯びた器形が特徴だが、引き締まった面には、張り詰めた凛々しさがある。それは日用雑器も同様で、李朝の皿には「俺を超す料理を乗せてみろ」と厳しい態度を見せつけ、素人を寄せつけない雰囲気がある。それはあたかも陶工が調理人に挑戦しているかのようで、そこにはモノの放つ「気」が存在する。

壺も日用雑器も土を練って形づくるだけだから、誰にでも作ることができる。しかし、わずかな面の張りで、凛々しく見えたり、優しく見えたり、可愛く見えたり、あるいはだらしなく見えたりする。それは作り手の心が、そのまま投影されるからだ。

李朝の器の醸し出す空気が張り詰めているのは、おそらく、当時の陶工は読み書きができなくても、凛々しい生き方をしていたからに違いないだろう。この無名の陶工の凛々しさが、一枚の皿を通して使い手に伝わるのである。

今、このようなモノが作れないのは、そこに理由があるのだろう。でもこの素晴らしさも、眼が利かなければ、ただの汚い焼き物でしかない。そういった「気」のあるモノを手に入れると、その凛々しさという「気」が自分の中に浸透したかのように感じ、ふだんボケーっとしている自分に喝が入る。

私の師である林　英次は、ちょうど11歳の誕生日に父親からＢＳＡのモーターサイクルをもらったそうだ。もちろん戦前の話で、それは１９２４年製のモデルＢ27というレディ用に作られた250ccだった。京都の柳馬場三条の自転車屋にあったものを父親が見つけ、身体より遥かに大きいバイクを押して帰ってきたという。

11歳の少年はBSAを目の前にして、いつかはこれに乗ろうと思った。乗るということは、肉体的に大きくなるだけでなく、精神的にもこのバイクに負けない強さがなければと感じたのである。

林 英次をご存知の方は多いと思うが、先日（2004年4月）も「藁塾《わら》」という勉強会で、彼自身の長い経歴と作品の紹介があった。作品は自転車からモーターサイクル、クルマに至るまで幅が広い。なかでも秀逸な作品は、なんといっても1957年のライラック・ランサーだ。

そのランサーの開発の様子を彼は次のように話していた。背中にポリタンクを背負ってビニールホースを股のところからキャブに繋ぎ、木型のタンクを付けたバイクに跨り、走りながら南京鉋《かんな》で削っては、タンクとラバー・グリップの形状を決めていたという。

だから活き活きした造形になるのだ。コンピューターの画面でデザインする今どきの若者には考えられないことであろう。絵画も同様で、室内の電灯の光で描いたものと、屋外で颪に飛ばされそうになるキャンバスを押さえながら描いたものとでは、絵が発信する活力／エネルギーが違うのである。

ところで彼の宝物だったＢＳＡは、終戦の年に父親の側車付きハーレーと共に陸軍に徴用されてしまった。彼はそのときの状況を、「子供がしゃぶっている飴をひったくるようにして持っていってしまった。そのうえ、同じものが欲しいと思っても手に入るはずはなく、心の持って行き場をなくし、子供ごころに寂しい思いをした」と話していた。

彼のモノ作りには、この子供の時の言葉に表せないモーターサイクルへの想いが力となって表れているように見える。

実は１９９６年８月に発表され、マツダを窮地から救ったといえるデミオは、彼の提案でスタートしたプログラムであった。

少し時代を遡《さかのぼ》るが、私が株式会社Ｍ２の創業を検討していたとき、林に会ってＭ２の事業について話し合ったことがあった。その後、Ｍ２のプレ・オープンを催した際には、その席に林と当時の古田社長、Ｙ専務も居あわせていた。

そのあと、Ｙ専務を案内し、六本木の株式会社アクシスを表敬訪問した。林がアクシスの企画部長と『ＡＸＩＳ』編集長を兼務していた頃のことである。そのとき専務は「マツダ車をどのように思われるか聞かせてほしい」と言い、「もし問題があるとすれば、それはデザインなのか、人なのか」と質問した。すると林は、「それを決定なさった専務ご自身にあるのではないのでしょうか。すでに市場に出ているクルマに問題が見えるのです」と答えた。続けて、「もし不快でなければ、御社の商品カタログを送っていただければ、それに○と×をつけましょうか」と提言した。

その中で○が付いたのが、丸い形をしたレビューである。「これを今の時代に合わせてリファインすれば、少ない投資で成功する確率は高いでしょう。すぐに手を付けたらいかがでしょうか」と専務に直言した。

この話が担当役員のT常務に下り、あらためて六本木のある料亭で林の提案を聞いた。そこでは掌《たなごころ》に収まる四角いクルマが用意され、彼は「今の時代は小さく、それでいてあれもこれも積んで、どこにでも行けると思わせる合理性がなければ駄目だ。しかもRVブームの影響があるため、力強く丈夫に見えるデザインがキーである」と話をした。1994年、3人だけで交わされた会話である。

私はこのクルマは間違いなく成功すると確信し、開発の人手不足のなか、T常務といかに短期間で開発するかを考えた。まず基本設計を、手に油して育ったベテランの原崎隼次というひとりの男に委ねることにした。もうひとり、デザイン部長の河岡徳彦を起用した。彼はオペルに在籍していた時代にカデットを手がけた男で、機能的な小型車のデザインには長けている。

ちょうどこの時期は、フォードがマツダに増資し、彼らの権限が強くなった時でもあり、総計（長期総合商品計画）をフォードに説明した後のことだった。そのため作業は秘密裏に行なわれ、わずか1・5ヵ月間で仕上げたラフモックを東京の某スタジオに持ちこみ、林、河岡、立花で造形のチェックを行なった。

その後、このクルマは総計に組みこまれ、詳細設計が進められたが、初期のクレイモデルの造形も、3800×1650×1550㎜という小さなサイズも、大きく修正することなく生産に移行することができた。

その結果は、カー・オブ・ザ・イヤーを受賞しただけでなく、6年間に65万472台もが販売され、単純計算で毎月9000人もの方々に購入していただいたことになるほどの大成功を収めた。途中、ニッサン・キューブなどの競合車が登場したが、それらに影響されることもなく大ヒット商品になり、まさにマツダを窮地から救ったのだった。

私は林の貢献に対する報酬をT常務に懇願したが、マツダからはビタ一文も出なかった。結局、彼へのお礼は私のポケットから出たビール券だけで、いまだに申し訳なく思っている。

このデミオがヒットした要因は次のふたつであると思う。当時、バブルの崩壊によって人々は省資源や環境問題を意識しだし、ものごとを合理的に考えはじめた時代であった。デミオはその空気に合わせ、小さいながらも、アレコレなんでも積んでどこにでも行けると訴えかけるメッセージ力があったことだ。二番目はマツダの保有顧客層が、ちょうどこのクルマと同期したことが挙げられる。

自動車メーカーという大組織では、膨大な市場調査を実施し、デザイン開発も日米欧の3拠点で行ない、それをまた日米欧のお客の評価を仰いで決定するのが通例である。ではそれが成功するかというと、そうではない。いや、それで成功した例のほうが少ないだろう。お客の声を大切にするというもっともらしい論理も、言い換えれば「素人エンジニアが素人の意見を聞く」わけだから、モノとしてのメッセージ性が欠落するのである。しかし、大ヒットしたデミオは、ひとりの目利きによって生まれた。だから大ヒット商品となりえたのである。

モノというのは、単純に機能するモノとしてだけでなく、人はその裏にある背景を意識しなくても嗅ぎとっている。これが「モノの力」「モノの価値」である。

私自身も、かつてモーターサイクルが元気だった時代のBSAやマチレス、トライトンを駆って今もレースを続けているが、この時代のレーシング・マシーンにはモノの放つ「気」がある。この「気」を強く感じるモノほど奥が深く、この歳になっても、いつかはベロセットのＫＴＴマークⅧか、ノートン・マンクスを御してレースをしたいと思っている。

ベロセットやマンクス、クルマではアストン・マーティンといったマシーンは、高価というだけでなく、凛々しくて近づけないほどの「気」を放っている。60歳を過ぎても、私の「器」はこれらのマシーンの「気」に負けてしまうのである。だから、いつかはこれらを乗りこなす男になろうと思う。残念なことに、最近の日本の商品にはそういった「気」というオーラをまったく感じることがない。このモノの放つ「気」という「モノの力」が人を育てるのである。

人には、自分より器の大きなものに向かうタイプと、そうでないタイプがあるが、後者のほうが気が楽だから、最近は意味もなく可愛いものが氾濫している。それは女の子も同様で、気が楽なぶりっ子ばかりだが、それでは世界に通用しない。

要は「モノは人を育て、いいモノは情緒を育む」のである。そのような「気」を放つモノを作るには、学校で習ったこと、あるいは本やテレビで知ったことなどすべて忘れ、自分が手に油して覚えたことだけを大切にして、モノ作りに励むことだ。自分で体験しなければ、知っていると思っても、知っているつもりなだけで、それは知ったかぶりでしかないからである。

1-5 本など読むな！ 手に油しろ！

手前味噌になるが、私はエンジンのチューニングはもちろん、サスペンションも、さらには板金から塗装まですべて自分で行なう。それだけでなく、必要な部品はアルミの丸棒から旋盤で削りだし、ミグ溶接して作ることもある。しかも出来上がったものはプロにも負けないと自負している。

昔からモノ作りが好きで、小学校のときには夏休みの工作で先生に完成品と勘違いされ、「自分で作りなさい。買ってきては駄目です」と叱られたこともあるほど器用だったが、なんでも自分でするようになったのは、プロが頼りにならなかったからである。

車検でMG Bを整備に出したときのことだ。車検場から電話が掛かってきて、質問されても答えられないから来てほしいという。行ってみると、整備士がオロオロしながら、シートベルトは2点式だし、ヘッドレストがないから検査が通らないというのだ。結局、「この時代はこれが標準で認可していたのです」と答えただけで、なんの問題もなかった。ところが、それだけでは終わらなかった。この整備士はノンシンクロのギアボックス車を運転した経験がなかったのか、ローギアを舐めてしまい、ドレンから鉄粉が出てきたのだ。次からは何があっても車検は自分で取ることにした。

塗装もそうだった。自称名人という人に、MGをホワイトボディにして持ちこんだことがある。フロアを切り落とし、腐っていたところを切り張りして、しっとりしたグリーンの塗装で仕上げてもらうと、新車以上に綺麗に見えた。彼は、塗装というのは漆と同じで、手の平にコンパウンドを付けて押しつけて磨くと、しっとりした美しさがでると力説し、その言葉につられて１００万円以上も支払った。喜んでいたのも束の間、数ヵ月すると、ドアの側面に手の跡がくっきり浮かび上がってきた。何を隠そう、それは名人の手の跡で、鉄板を汚れた手で触ったため、そこが錆びて塗装が浮き出してきたのである。名人なのにイロハのイの字ができていなかったわけだ。

それ以来、板金も塗装も自分ですることにした。やってみるとそれほど難しいものではなく、下地さえしっかり作り、少し練習すれば、ソリッドのウレタンならば、ゆず肌になることもなく一定の膜厚で、綺麗に塗れるようになった。けれども中沖 満大名人が言うところの「メタリックのアルミの粒子をガンさばきひとつで立てたり寝かしたりする」までには、かなり時間が掛かった。塗っては失敗し、それを繰り返しているうちに、最近では荒い粒子と細かな粒子を混ぜて、それを立たせるように吹きつけることができるようになった。するとクルマが立体的に見える。それでも中沖名人の足元には遠く及ばない。

酸素溶接はちょっと自慢できるレベルで、０・６ｔの板を溶接棒なしで舐めるように付けることができる。たとえば、バイクの排気管は板厚が1・5mmだが、それでは重いので0・6mmの鉄板を丸めてパイプを作り、それを曲げて排気管にする。もちろん、寸法は経験から割り出した独自の計算式で決めるのだが、こうやって作った排気管はチタンより軽く、抜群な性能を発揮する。ちなみにチタンの比重は鉄の半分だから、1・5tのチタンより0・6tの鉄板の方が軽いのだ。

カムシャフトも背面をグラインダーで削って、目標のカーブになるようにダイヤルゲージで測りながら、オイルストーンで仕上げると、時間は掛かるが立派なカムができる。

日々そのような生活をしているため、いつの間にかガレージには必要に迫られて、小型旋盤に、酸素とミグの溶接機、大小のコンプレッサーなど、種々の工具が揃っていった。工具もミリとインチとウィットワスの3種類がないと不便なわけで、木製の作業台に真鍮の板を張って、そこでエンジンをチューンしている。

実は、このガレージそのものも自分で建てた。そうはいっても母屋と繋げた骨格は大工さんがやったのだが、レンガは地震に対して保証ができないというので、結局は自分ですることにした。女房に手伝わせ、レンガの間に番線を通し、崩れ落ちないように工夫しながら行なったため、完成までには半年も掛かった。しかしその効果は抜群で、少し前の大地震でも、隣家の屋根は崩壊したが、我家のガレージはびくともしなかった。

床はコンクリートでは味気なく思い、広島の世羅郡でとれる自然石を敷くことにした。ところが見積もりを見ると、２００万円というのである。それはいくらなんでも無理だから、結局は石も自分で敷くことにした。石屋から直接買うと、なんと同じ石が２ｔ車１杯で２万円だった。それを3杯買って、毎日、石と格闘する生活が続いた。すると面白いことに、石にも顔があることが判ったのだ。その顔を上に向けて位置を決めていくと、石畳にも表情が出て、なんともいえない雰囲気になった。

その石畳の上に何が収まっているかというと、もう30年近くも一緒にいる64年のＭＧＢと、英国でレストアした問題の（後述）ジャガー・マークⅡと、ライトウェイトＥを作ろうとバラしたままのＥタイプの部品の山がある。当然、いつも素直に言うことを聞くナス紺のユーノス・ロードスターは特等席を占めていて、趣味のレーシング・バイクの7台は、ところ狭しと並んでいる。その屋根の梁からは、汗を掻くためのサンドバッグが下がっている。

今も相変わらず試行錯誤しながら旋盤を回してモノを作っているが、やはり失敗は付きものである。少し前のレースでスウィングアームのピボット・シャフトが折れてしまい、強度を上げた材質で作り替えたところ、またレース中に同じ箇所が折損し、後輪が外れかかって、死にそうになったことがあった。

さっそく、学生時代の「材料力学」の本を引っ張り出し調べてみたら、炭素が多いことが原因だった。次は少し粘りのあるクロモリ系に変更し、シャフト径も上げて作り替えたが、材料費はわずか57円だった。こうして試行錯誤しながらモノを作り、そのマシーンでお立ち台に立てたときは、感無量で言葉に表せないものを感じる。これが手に油する楽しさだが、私流の「好きこそものの上手なれ」なのかもしれない。

1-6 クルマは人間の性能を超えてしまった

こうして今のクルマを見ると、開発者は心の贅沢や人の幸せとは関係ない方向で頑張り、すでに人間の性能を超え、手に余るものになってしまった観がある。

人間の性能は、クルマができる前も今も変わらず、いや今後、何百年も変わらないはずだが、技術はこの100年間で急速に進歩し、飛行機はジェットになり、ロケットになって宇宙まで行けるようになった。飛脚の手紙は電話に代わり、電子メールになり、光ファイバーに繋がって、瞬時に世界の情報が茶の間で見られる。人類が誕生して45億年と言われているが、技術はそのなかのわずか100年間で急激に発達し、我々の生活は考えられないレベルにまで達した。

しかしクルマは、地に接して人の手で操らなければならない以上、２００km／hが限界で、それは今後も変わらないであろう。ところが人間の能力を超えたクルマが次々に発表されている。これがＦ１ならレギュレーションで排気量やウィングの形状を変え、人間の能力内に収めることができる。すると、その規制のなかでまた技術が発達し、人間の壁を超える。この繰り返しがレースの歴史だが、市販車ではそうはいかない。

コーナリングでも、ロールの度合いや路面の状況をステアリングで感じ、細いタイアが苦しがっている悲鳴を聞き、クルマと対話しながら走るのが楽しく安全でもある。

この対話が楽しかった時代は、１９５０〜60年頃までであったように思う。それは「クルマの技術」と「人間の能力」がちょうどバランスしていたからである。非力なエンジンをガンガン回し、車体を軋《きし》ませコーナーを抜ける。これが楽しい。

いっぽう、クルマへの「憧れ性」をみると、最初は貴族の乗り物であったものが、50年代になると、生産効果と戦後の好景気から、庶民も頑張れば手が届くようになった。誰もがクルマに憧れ、３Ｃの時代と呼ばれるカー、カラーテレビ、クーラーが三種の神器の時代であった。憧れ性もやはり50〜60年代がピークで、バラ色のクルマ社会を世界中で夢みていた。

この時代は前述の「人間の能力」と「クルマの性能」、そしてこの「憧れ性」の三つのラインが交差していたといえる。だから50~60年代のクルマやバイクは活き活きし、アメリカ車はアメリカ車らしく輝き、日本車も今と違って個性的で元気だったのだ。

憧れ性が生まれた背景には次のようなことがあった。1930年頃までは、町の鍛冶屋的技術屋が馬車のようなフレームにエンジンを載せ、自分のマシーンがいかに速いかを隣町まで競い合っていた。そこには、手の平の感触と鋭い眼力で、自らの想像の世界をカタチにする「作る本能」と「競争する本能」があった。

当時は、柔なフレームにプアなタイアであったから、レースはまさに命がけで、ドライバーには強靭な肉体と不屈な精神力が求められた。それでも彼らが怖気《おじけ》づくことなく果敢に挑戦を続けたのは、レースは貴族が国民に対し強さと豪腕さを示す場でもあり、戦で先頭に立ち士気を高めるのと同様な意味があったからである
クルマの発展状況を、自分なりに整理すると次のようになる。このグラフの縦軸は、「メーカーの総合力」を「技術力」×「台数」というイメージで表現したものである。

見ていただければ一目瞭然で、クルマは世界中でほぼ同時期に作られたことがわかる。ドイツはクルマを作ったと豪語しているが、実際にクルマの形態を成し、生産したのはフランスのプジョーだ。イタリアも1920年代には先進的なクルマを大量に生産しており、10~

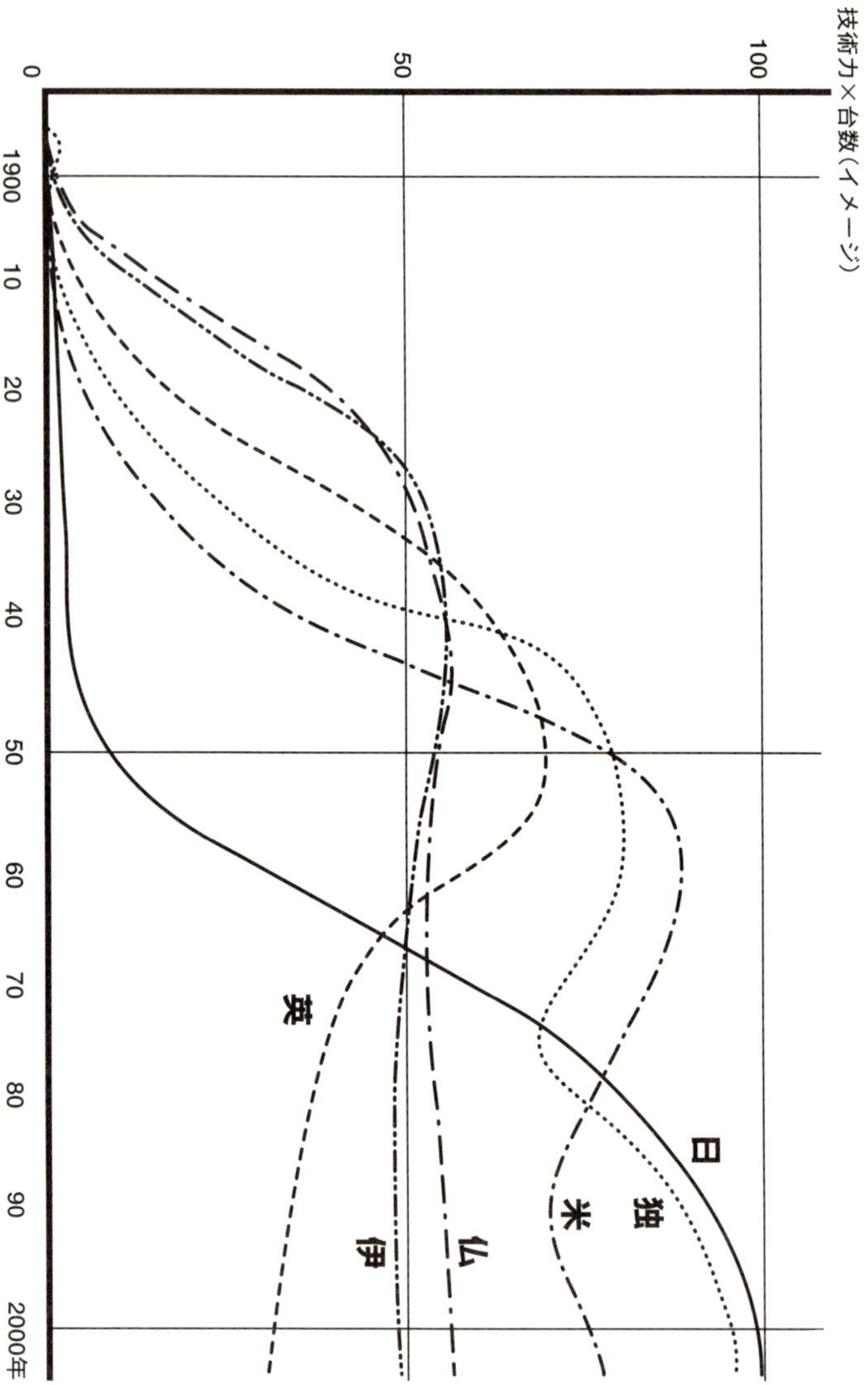
技術力×台数（イメージ）
100
50
0
1900
10
20
30
40
50
60
70
80
90
2000年
日
独
米
仏
伊
英

30年代はフランスとイタリアが世界をリードした。続く40〜50年代はイギリスが、その後はドイツと日本が、それぞれ世界をリードしている。

日本はというと、先進諸国と同時期の1904年に山羽虎夫が蒸気自動車を誕生させてから、今年で100年を迎える。本来ならこの100年を記念して、日本の貢献度を世界にアピールすべき年だろう。山羽虎夫の蒸気自動車と、20世紀を締めくくったハイブリッド、21世紀に向けた燃料電池車など、日本が世界に貢献できるものは山ほどあるのだから、これらを整理して、技術と文化の両面を示すべきである。

ところで、クルマ先進国が10年ごとに次々に衰退してきたこともわかる。まず60年代は英国である。第二次大戦後、イギリスはLWS(ライト・ウェイト・スポーツ)を中心に対米輸出で大成功を収めたが、ベトナム戦争の勃発で米国の若者は戦争に駆り出され、華やいだ気持ちでスポーツカーに乗ることがなくなり、この期を境に輸出が一気に低迷した。また、英国がその後も苦戦を強いられているのは、戦勝国であったがゆえに古い設備が残り、それを使っていたため、日本やドイツの敗戦国のように、新しい設備を導入した国とは勝負にならなかったことが原因だ。

70年代はドイツである。73年のオイルショックにより、ビートルの価格が2倍に高騰し、VWの対米輸出の失敗が低迷の原因となった。VWは8億マルクという創業以来の赤字を計上した。続く75年のラビット、その後のシロッコ、パサートと立て続けに失敗して倒産の危機を迎え、70年代のドイツの自動車産業は風前の灯だった。

80年代の不振は自動車大国のアメリカで起きた。ＧＭはオイルショックをくぐり抜け、78年よりＪカー、Ｔカー、Ｓカーといった小型の戦略車を次々と発表し、市場へ投入した。当初は販売が伸びたため、私も現地調査を行なったが、結局、燃費がよく品質の高い日本車とは勝負にならず、自動車大国がクルマで低迷し、その復旧には15年間もかかった。

では、２０００年代はどこであろうか。それは日本であってはならないが、残念なことに、すでに始まりつつある。日本は図のように他国とほぼ同時にスタートしたが、50年近くも出遅れ、戦後に急成長した。自動車産業は国の総合技術力であるから、このグラフは日本の技術力を如実に表している。

政府は戦後の経済復興のため、自動車産業を一次／二次の協力メーカーで支えるピラミッド型で構成し、また外国車には輸入規制を設け、その間、国を挙げて、先進諸国に追いつけ追い越せの姿勢で開発／生産を行なってきた。

デミング博士が来日すると、勤勉な我々は統計的品質管理手法を勉強し、発祥国のアメリカを追い越し、さらに「改善活動」を全社一丸となって推し進め、高品質、高効率では世界のトップに躍り出ることができた。

けれど、我々は新技術を開発したと言いながらも、いまだにタイアは4本で、ピストンは往復運動を繰り返し、結局基本は何も進歩していない。進歩したのは大衆化技術で、安く、壊れず、運転がしやすくなった。大衆化が進み、数が増えれば事故も起き、空気が汚れる。その対応に迫られたが、それも大衆化技術である。これらは基盤ができたうえでの「改善活動」であったから、我々の得意科目だったのだ。

ところが、日本の自動車産業は近いうちに低迷しはじめることが考えられる。その理由のひとつは、市場経済が衰退の方向（後述）に向かいつつあるからだ。また経済だけでなく、日本は先進国のなかで最も遅れて成熟社会になろうとしている国で、金があってもなくても物欲は減少し、クルマへの興味が薄らぎ、ここに来てモノ離れが加速しはじめたからである。

二番目は、開発者および企業の「器」の問題である。今の時代、人々は性能や物理量の高さではなく、心の豊かさを感じる文化に金を払う。ところが作り手は、その文化を作りこめずにいる。特に二輪は世界最強になった今も海外のものを後追いしている。イタリアのベスパが格好いいといえば、そのそっくりさんを作り、『イージーライダー』が流行ると、アメリカの象徴であるハーレーさえもまねて輸出してしまう。世界のリーダーであるはずの二輪メーカーには恥という文化がない。エセか否かの違いはなんだろうか。それは作り手に魂があるか否かである。

文化のないものはトップの競合力を失うわけで、すぐ後には韓国が迫っている。我々が心しなければならないのは、経済も文化も高いところから低いところへ流れるということである。我々が志を高くしなければ、商品は単なる消費財でしかなく、消費財はゴミとなり、そしてゴミは作ってはならないものなのだ。

社長が外国人になっても、日本の文化まで変えることなど誰も望んでいない。経済が弱まっても、日本の文化まで捨て去ってはならないのである。

第2章

人を育てるいいクルマ

2-1　好きなクルマは「交流分析」で判る

長い間、モーターサイクルとクルマの開発に従事してきたが、個人的にも子供の時から常に「いいクルマが欲しい」と漠然と想い続けてきた。「では、いいクルマってなんですか」と聞かれても、漠然なのだから答えようがない。答えがないから、今までに何台も乗り継ぎ、次々に発表される新型車にも試乗してきたが、相変わらず「いいクルマが欲しい」とだけ思っている。

最近は少し落ち着いたのか、もう乗り換えるのは止めて、家族のように「一生付き合えるクルマ」が欲しいと思うが、そのクルマは見つからない。一方で、レンジローバーのディフェンダーやメルセデスのＴＮもいいなぁーと思ってしまう。いやジャガーＸＪ-８も魅力的だし、真面目なところではルノーのメガーヌも新型クラウンも候補に挙がる。こんな姿を他人が知れば、脈絡のない子供が、好きなクルマを羅列しているのと変わりはないだろう。それは一生モノのクルマが見当たらないからだ。

だから今までに92台も乗り継いでしまったのだが、そんなことを繰り返しているうちに判ったことは、「交流分析」を応用すると、欲しいと思う「心」と、好きな「クルマ」の関係が見えるということだった。

「交流分析」とは、フロイトの精神分析を基盤として、精神科医バーンによって創始された心理療法である。当初、人は三つの心（自我状態）を持っていて、そのバランスが個性であるとされていたが、最近では「威厳の父親」「包容力の母親」「合理的な大人」「順応の兄」「甘えの赤ちゃん」という五つの心理で分析する。この因子の絡み具合が個性であるが、人と人との交流の際にも上記の因子が絡みあって行なわれると言われている。この因子の強弱は、生活環境や日々の意識によっても異なるが、それが人とクルマの関係にも当てはまるようなのだ。

従来の分析では、ひとつの価値観は、ひとつのクルマ・カテゴリーとしか結びつかないが、実際にはスポーツカーにしようか、いや家族を考えてミニバンにしようか、あるいはクルマは止めて海外にでも行こうかとか、勝手気ままに欲望が動きまわる。

それだけでなく、クルマ好きというのはさらにやっかいで、お気に入りのクルマをやっと手に入れても、また別のものが欲しくなり、1台では満足できず、次々に浮気を繰り返してしまう。そんな反省も含め、思い当たったのがこの「交流分析」である。

最初の「父親の因子」は、強さ／象徴／威厳を求めるものだ。ブランド品で身を固め、メルセデスのリムジンにクルーザー遊び、女をはべらせ東京湾を渡ってグルメを気取るたぐいで、バカげて見えるがバブル期には格好よかった。そこまでいかなくても、ワシは部長だ！

と部長風をふかすのもこの因子である。

しかし、誰にでもこの因子はあり、ハーレーが格好よく見えるのも、メルセデスのSクラスで風を切りたいと思うのもそうである。今の時代は長引く不況と環境問題で、人々は我慢を強いられているため、いっそうこの因子が頭をもたげつつあると言える。私の場合にはトライトンのハイパワーなレーシング・バイクがこれに当たり、ぶち抜くことの快感が「父親の因子」を満足させる。

二番目の「母親の因子」は、包容力／優しさを表しており、昨今のエコロジーやフェミニズムへの関心の高まりもそのひとつであろう。

情報化が進み、世の中がせわしく動きだしたため、人々はその流れからくるストレスに疲れを感じはじめた。情報を求めているものの、その情報に翻弄され、すべてが雑音のごとく煩《わずら》わしく感じる。そのため、人々は「ゆるい」方向を好み、「まったり」とした温もりの空間を心地よく思う。

その表れとして、前述の自然回帰、日本回帰、浪漫回帰の志向が芽生えているが、これは時代の空気と母親の因子が結びついた結果だと言えよう。するとクルマには「家族のように一生付き合える」ものを求める。もともと英国車やフランス車にはこういった要素が多いため、クルマを家族のように扱っている人が多い。

三番目の「大人の因子」は合理性で、ものごとを賢く合理的に判断する因子である。今の時代は、「とりあえず」から、どうせ買うなら少しぐらい高くても納得するものを買おうという合理的な判断を行なうようになった。

まさに日本車はこの領域で本領を発揮し、壊れず燃費も品質も良く、合理的なクルマが多い。合理性が高いと言われるもう一方のドイツ車は、お国柄もあって日本車とは違い、たとえば荷物を満載し長距離を移動するのにメルセデスの大型バンに敵うクルマはない。燃費についても、欧州のディーゼル車は250ccのバイク並みのクルマが今やざらである。

四番目の「お兄さんの因子」は、人の意見に素直に耳を傾け、自分もそう思うという順応の因子で、若さや元気印が含まれる。私の場合は、いつも文句ひとつ言わず、黙って付いてきてくれ、若いエネルギーを感じるユーノス・ロードスターがまさにぴったり嵌まる。

最後の「赤ちゃんの因子」は、理性ではなく心の甘えが前面に出るというもので、我儘《わがまま》を言ったり、思うようにいかないとごねたりするのは、この因子だと言われている。私にとってここはブランクだが、時々アメリカ車に無神経に乗ってみたいと思う。

クルマ好きは、いいクルマを欲しいと思い続け、クルマにも人と同じ感情を求めている。では、先に挙げた5台のクルマを揃えれば浮気は止まるかというと、そうとも言えず、そのクルマを次々に入れ替えようとするから問題を起こしてしまうのだ。

このような切り口でクルマを見ると、我々は性能や機能の高さではなく、前述のモノの裏にある情緒的な「モノの力」で判断していることが判る。日本車は壊れず燃費も良く、いいクルマなのに触手が伸びない人が多いのは、「大人＝合理性」と「お兄さん＝順応」の因子のみしか感じられないからではないだろうか。

この５因子をどう理解するかは、人によって異なるが、この章ではこの因子で、種々のクルマを見てみたい。

２‐２　「母親」の包容力／優しさのクルマ

・独特な技術で人を優しく包むシトロエン

まず最初は、今の時代を表す母親の包容力／優しさを感じるクルマからいこう。その筆頭がシトロエンである。

昔からシトロエンにはおっとりしたテンポがあり、それに嵌まると抜けられない人が多い。

高級なＤＳ19から安い２ＣＶまで、どのクルマも乗る人を穏やかでのんびりとした空気で包んでくれる。２ＣＶはあんなに軽くても、あの間延びしたテンポがおおらかで気持ちいい。

ＤＳ19は、３１２５㎜という長いホイールベースとたっぷりしたストロークのサスペンション、それにふんわりとしたシートに深々と座った時のリズムが実に良い。エンジンも１００㎜という超ロングストロークのＯＨＶ１・９ℓの走りは、ドロンとしてはいるが、サスペンションのリズムと調和し、身を任せると、ゆったりとした安らぎを感じさせてくれる。

ＤＳは１９５５年のパリ・サロンで初めて披露されたが、そのスタイルは未来からやってきた宇宙船のようにも見え、中に秘められた先進的なメカニズムと合わせ、ジャーナリストは10年進んだクルマと評価した。10年どころではなく、50年近く過ぎた今でも、いやここから先も、このクルマを超すユニークでおおらかなクルマは生まれないであろう。

穏やかな乗り心地を醸し出すサスペンションは、スプリングもダンパーも存在せず、ハイドロニューマチック・サスペンションと呼ばれるもので、水と空気で成り立っている。

乗り心地の良さには、サスペンションだけでなく、フロアの下の頑丈なサイドシルとクロスメンバーも貢献し、減衰を適正にしている。その上に上屋の骨格が組まれ、そこにドアやルーフの蓋物が11枚張りつけてある。さらにソファのようなシートもシトロエンの世界を作り出していることは言うまでもない。そういった車体構造であったため、その後のワゴンやカブリオレの展開が容易だったのだろう。

ちなみにＤＳは20年間も作り続けられ、累計台数は１４５万６１１５台にも達し、単純計算で月間約６０００台という、現代でも人気車種並みに相当するペースで作られた。この数値からもわかるように、そのスタイルや構造から推測されるほど特異なクルマではなく、多くの人々から愛されたのである。

世界的な人気者である２ＣＶの開発命令は、トラクシオン・アヴァンの発売１年後に当たる１９３５年秋に下った。この時の開発コンセプトは今日でも語り継がれているが、あらためて紹介しよう。

副社長ピエール・ブーランジェは休暇を取り、フランスの農村を訪れた。そこで眼にしたのは、農民がいまだに手押し車に農作物を積み、ガタガタの悪路を押している姿だった。それを見た彼は、農民のための真のクルマを作らなければならないという義務感に駆られたという。

社に帰るや、「こうもり傘に四つのタイアを付けたものを作れ」と発し、次いで「ふたりの大人と50kgのじゃがいもを積んでも60km／hの最高速度が出て、そして１００km当たり５ℓの燃料（20km／ℓ）で走れるクルマを設計せよ。さらに悪路でも籠に積んだ卵が割れない快適な乗り心地を実現し、女性でも楽に運転できる簡素な構造であること。しかも価格はトラクシオン・アヴァンの3分の1でなければならない」と指示したのである。

この指示をみれば、彼がいかに農民の心を理解でき、しかも技術的に秀でた人であったかがわかる。我々はこのようにゼロからの発想ができないように思う。それは、クルマの開発費が1車種あたり200億円は掛かり、期間は当時に比べて短縮されてはいるものの3年を要するため、チャレンジするといっても、無自覚のうちに安全牌を積んでしまうからである。

日本は「リスク回避社会」であり、個性的なものをゼロから生む気概に乏しい。また「個性あるモノは個性ある人から生まれる」ということを考えると、日本には個性的なものを生む土壌がほとんどないと言える。

発表当初、2CVはあまり評判が芳《かんば》しくなく、やれ「ブリキ小屋」だの、やれ「缶詰のカンカン」だのと、悪評が飛んでいたようだが、群を抜いた実用性の高さが評価されると、次第にユニークなスタイルも人々から愛されるようになった。その結果、生産は1987年4月（その後ポルトガルで1990年7月）までの、なんと42年間も行なわれ、累計生産台数は385万5649台という桁外れな数に達し、今でも世界中の人々から愛され続けている。

2CVといえば、私にも想い出がある。まだ戦後間もない頃、我家に兄貴の2CVがあった。初期型の48年頃のものと思うが、375ccのフラットツイン・エンジンの上にソレックスの22φというバイクのようなキャブレターが付き、鉛筆のように細く長い吸気管が左右のヘッドに繋がっていた。

スピードメーターは針金のフックでステアリングホイールの横に引っ掛けてあり、シートはパイプにゴム紐をグルグル巻き、ビニールシートが被せてあるだけで、まるで海辺で使うボンボン・ベッドのようだったが、これで乗り心地は抜群なのだ。このシートは簡単に取り外しができ、ピクニックにも使えた。外すとトランクからペダルまで真っ平らだから、あたかもトラックのようで、そのままでも釣竿などの長尺物がらくらくと納まる。さらに4枚のドアも簡単に外すことができたから、大物の家具まで積めてしまうのである。

心地よい乗り心地をもたらすには、ある程度の車重がないと難しいが、2CVはなんと495kgという軽さで実現している。サスペンションは象の鼻のように長いアームと、その付け根に前後のスプリングをひとつに収めた大きな茶筒で構成されており、サイドシルの内側に設置してある。いわゆる前後連結懸架なのだが、そのためジャッキアップしても象の鼻が垂れ下がり、1mぐらい上げてもタイアは地面から離れない。

ダンパーも慣性式という面白い構造をしており、タイアの内側に茶筒のようなものが立っていて、その中にはバネで吊られた錘《おもり》があり、それが路面の刺激で反対方向に動き振動を吸収する。

2CVはそういったユニークな発想で「卵の割れない乗り心地」を実現したのである。しかし問題もあって、ある時、ドライブシャフトがユニバーサル・ジョイントのところからボッキリ折れてしまった。折れたシャフトは空転し、クルマはまったく前へ進まない。おそらくたっぷりしたストロークを確保したため、U字型のユニバーサル・ジョイントでは折角不足であったのだろう。そのシャフトを針金でフレームに括りつけて、一輪車でトコトコ帰ったことがある。

エンジンの脱着も至って簡単で、空冷の2気筒だから、マウントのボルトを外せば手で運び出すことができた。シリンダーもボルト4本で留められていて、バイクのように外し、簡単にボーリングができたのだ。

シトロエンの10年進んだと言われる技術は、人を優しく包むことに投入され、この2CVとDSという2台の名作によって、個性的で先進的なメーカーであることを世界中の人々に印象づけた。このように、名車というのは「作り手の良心」と技術に長けた人物によって生まれることが多く、マーケティング中心のモノ作りでは、決して人の心を打つモノは生まれないのだ。

最後にシンボルマークであるダブル・シェブロンの話に触れておく。これは創始者のアンドレ・シトロエンが、クルマを製造する前に山形形状の歯車を生産して成功したことから模《かたど》ったもので、DS、2CVの独自性がこのマークをシンボルに押し上げた。現在ではグローバル化に勝てず、車台や部品の共通化が行なわれているが、人々はいまだにダブル・シェブロンのシンボルに金を払っているように思う。

・先進技術が光ったランチア

ランチアも独特の世界を持ったクルマで、ビットリオ・ヤーノとピニン・ファリーナの強力な布陣で開発されたアウレリア、その後のフラミニア、フラヴィア、そして私が担当した初代FFファミリアと同じサスペンション形式を持つデルタも、最近のイプシロンやテージスも、濃密なインテリアとしっとりした乗り心地は、イタリア的な気品と包容力を感じさせてくれる。

それだけでなく、先進技術が光ったメーカーで、1922年に生まれたラムダは、他車がトラックのようなシャシーに木骨ボディを載せていた時代に、シャシーとボディを一体にしたモノコックを開発した。しかもロングホイールベースのオープン・ボディにもかかわらず、車体剛性は今の基準からしても遜色ない。それを82年も前に実現したのだ。

エンジンにはアルミブロックの狭角13度のＶ４を採用しており、メルセデスやアストンがまだトラックのようなシャシーに、馬鹿でかい直列８気筒のエンジンを積んでいた時に、どれほど進んでいたかが窺い知れる。さらにポートが複雑なヘッドは、今の技術をもってしても、いかにして鋳造したのか考えてしまう。それは立派な鋳造工場を自前で持っていたから可能だったのだ。ちなみにＶＷが発表したパサート用Ｗ型８気筒４・０ℓエンジンは、この82年も前のランチアの狭角Ｖ４をふたつ組み合せてＷ型の構造にしたものだから面白い。

このラムダについては、小林彰太郎さんが所有するものに、たまたま乗せていただく機会があったのだが、フロントはスライディング・ピラーというバイクのプランジャーのようなサスペンションで、リアはリーフにもかかわらず、フラットで滑らかな乗り心地であった。

当時、ラムダは価格が安く大衆車に近かったというが、技術的に進んでいただけでなく、実にお洒落なクルマで、外装色はブルーと茄子紺に塗り分けられ、内装は軟らかいベージュ革を使っている。こういった色の組み合わせがこの時代から伝わっていたことにも驚いたが、このクルマはオープンにもかかわらず、補助シートを出すと３列の６人乗りになり、その長いキャビンには複雑なリンクのキャンバスが被っており、それもまたお洒落なのだ。

ランチアに限らず、イタリアのクルマが楽しいのは、アルプスの険しい地形と、スピードリミットがないに等しい道路、そして明るく短気なイタリア人気質が重なり合ってできたように思う。彼らは狭い峠でも街中でも、大声でだべりながら、タイアをキーキーいわせて駆け抜けていく。だからステアリングは正確で、ブレーキも効き、エンジンも元気よく回せないと評価されないのだろう。

このラムダから一気に飛んで、2004年のフラッグシップカー、テージスが気になり、どんなものかとさっそくドアを開けてみた。そこには思わずため息が漏れてしまうほどの佇まいがあった。それは凛々しくもあり、しかも控えめで、気品と色気すら漂っていた。職人がペーパーで仕上げたような渋い木目が室内を取り巻き、インストルメントパネルは荒いブラックのシボに、ガンメタのパンチングメタルが新しさを表現している。そのインパネと辛子色の革シートとのコントラストが、絶妙な雰囲気を作り出している。

テージスはアルファ166をベースに作られたものだが、ランチアの顔を復活させ、テールも縦長を特徴とし、ランチアとはなんであるかを訴えている。

おもむろにキーを差し込み、ゆっくりスタートさせると、走りっぷりもこの佇まいと調和しており、滑らかなステアリングと、タイアからシートまでが調和したマイルドな乗り心地が、実に気持ちよい。シートもしなやかな革と上質なウレタンでクッション性は良く、充分に遮音が効いた室内は、ロードノイズやエンジン音、砂跳ね音が抑えられている。日本車が得意とする合い添いや色合わせも、時間を掛け丁寧に行なわれたように見える。

この佇まいは、乗る人を穏やかにするだけでなく、背筋までをも伸ばしてくれる。テージスはそんな気持ちよさを備えたクルマだ。これがランチアの「子宮的快楽」であり、今の時代にも継承されていることが判った。そこには作り手のプライドすら感じるのである。

・クルマはMGに始まってMGに終わる

「クルマはMGに始まってMGに終わる」という諺《ことわざ》をご存知だろうか。「釣りは鮒に始まって鮒に終わる」と言い、そういえば、遊び回っても最後は女房の元へ帰るという「母港論」もある。MG／鮒／女房に共通するのは、心を開放できる包容力であるように思う。

60年代当時は各地でジムカーナが頻繁に行なわれていて、私もフェアレディ1600で参戦していた。ある時、目の前でMG Bが、当時、最強と言われたフェアレディ2000を抑えて優勝した。OHVの1・8ℓが、強力な2・0ℓを打ち負かしたのである。このMG

はかなりチューンしてあったようだが、これでは自分のＳＰ３１０など歯が立つわけがなく、さっそくそれを下取りに出し、２年落ちの64年型のＭＧ Ｂを購入した。このクルマもエンジンをチューンし、サスペンションも強化してあったので、広いトレッドも手伝ってなかなか速かった。

しかし、ＭＧの本当の良さが性能ではないことに気づいたのは、クルマを手放してからだいぶ経った後のことだった。その間、何十台も乗り継いだが、25年も前のＭＧに心が戻ったのである。それはＭＧと一緒に過ごした60年代の青春の想い出のせいであったかもしれないが、ＭＧにはそうしたおおらかな生き方を感じさせるところがあった。

青春なんていう言葉は、今の時代に使うこと自体が気恥ずかしいが、この時代は未来に向けた豊かさの象徴を意味し、まさに60年代の空気を表現する言葉だった。

このクルマはガレージに入れる単純な動作でも嬉しく感じた。リバースに入れ、クラッチを合わせると、低速トルクの強いエンジンは、アイドルだけでブリッ・ブリッ・ブリッ……とガレージの坂を登っていく。ちょっとスロットルペダルに触ると、それを待っていたかのように燃焼音はブリリーッと連鎖し、抜群のピックアップで返事をしてくれる。そのため音が響き渡るトンネルの中ではひとり悦に入ったりもしていた。こんな単純なことが嬉しいのである。

今年の5月には、兄貴と一緒に彼の58年型MG Aで『ジーロ・デ・軽井沢』というラリーに出場した。東京から参加すると延べ700kmも走ることになるのだが、46年も前のロードスターで風を浴びて走るのもまた楽しい。Bより狭いコクピットはエンジンの鼓動が響き、鉄板がむきだしのインパネや狭いウィンドーから見える景色は、普段となぜか異なって見える。そこには「おおらか」で「たおやかな」空気があるのだ。

ところがひとたび鞭を入れるとそれが一変し、結構速く走れる。ヒルクライムのスペシャルステージでは、シムカ・アバルトやスタンゲリーニというセミ・レーシングカーに混じって、トップグループの好タイムを出した。Aでもチューンしてやれば、あなどれない能力を秘めているのだ。

もともとMGはクルマを販売するディーラーとして1910年に始まり、そこでディーラー・スペシャルを作ったのが始まりである。その後シャシーやエンジンに手が加えられ、モーリス・ガレージを意味するMGの2文字が車名として登場したのは、1924年のことだった。

MGは戦後、対米輸出で大成功をもたらし、スポーツカーの青春時代とも言える一大ブームの火付け役となった。それは第二次大戦中のことで、若い米兵たちが出兵先のヨーロッパで、小粋なLWSを目にしたときに始まり、長い戦争が終わり帰国する際に、このかわいいクルマを祖国アメリカへ持ち帰ろうとしたのがきっかけだった。

それを受け、英国を中心に多くのメーカーが対米輸出に力を注いだのである。しかし、同時期に成功したジャガーと違い、MGはアメリカ人が好む英国らしさを誇張することはなく、媚のない素直なクルマ作りを続けた。にもかかわらず、米国で大ヒットしたのだ。おそらく創始者のセシル・キンバーの性格が穏やかであったのだろう。そのため既存部品を寄せ集めて造られた安いクルマだったが、安物に見えることがなかった。

戦後のアメリカは経済復興の波に乗り、開放感に溢れ、誰もが青春を謳歌していた。そこに大きな鉄の箱とは違う小粋なクルマが現れたのだ。ふたりの肩が触れ合うほどの小さなキャビンは、常にオープンで風を満喫でき、プレスリーのロックンロールに乗って全米に広がった。

60年代から少し遡《さかのぼ》って、終戦直後の日本はどうであったかというと、マッカーサーにより乗用車の生産中止令が発布され、トラックを生産していた。しかし、すぐに乗用車の生産が再開され、アメリカと同様、やはり経済復興の波に乗り、誰もが開放感に満ち溢れていた。

60年代に入るとロックンロールが流行り、週末にはダンスパーティが行なわれ、街ではメッキが眩しく光った〝アメ車〟が格好よく、日本でもMGを中心としたスポーツカーの青春時代が始まった。

今でもMGに心惹かれ傍に置くのは、青春の記憶のせいであるかもしれないが、そうした素直でおおらかな生き方を感じさせるところがあるためだ。「MGに始まってMGに終わる」と言われるだけあり、このクルマには家族のような温もりと、歳と共に判る良さがある。これがMG流の開放の仕方なのだ。

・天下一品の子宮的快楽が味わえるジャガー

ジャガーにはMGとは違う開放の仕方がある。ある時、私は仕事でイライラし頭に血が上っていた。ところがブツブツ言いながらXJ‐6に戻りドアを閉めた瞬間、それがスーッと消え、ひと息ついてゆっくり走り出すことができた。途中、誰に抜かれようがそんなことはどうでもよいと思わせる力があった。これがジャガーの持つ「子宮的快楽」である。

シートもそれを創り出す要素のひとつで、当時、車イスの母親を誘ってよく食事へ出掛けていたが、彼女はいつも、後席に座ると両手で前席を掴んで体を起こし、シートバックから背中を離している。「ゆっくり座ったら……」と促しても、そのほうが安心するようで、姿勢を変えることはなかった。それはメルセデスを含むどのクルマの時もそうだった。

ところがある時ジャガーで迎えにいくと様子が違い、ゆっくり奥に座って、「このクルマはいいクルマねー」とやたら褒めるのである。なぜだろうと考えたら、ランバーやサイ・サポート（膝の内側を高めるサポート）で姿勢を強制すると、体形の崩れた猫背の老人には不安定だったのだ。かえって捉えどころのないシートのほうが快適であったことが判った。

英国車はシートを含め、リビングルームの寛ぎを巧みに作り出している。室内は質素でありながら気品があり、後席に座りドアを閉めると、メルセデスは口が重くなるが、ジャガーは自然に会話が始まる。それは雰囲気だけでなく、物理的にも前席と後席の人の顔が互いに見え、目線が交わるところから、そんな空気が生まれるのかもしれない。

60年代のマークⅡとなると、さらに濃密な快楽がある。小ぶりなマークⅡのスリーサイズは４５９０×１６９５×１４６０㎜と5ナンバーに収まる寸法で、キャビンは大きすぎず小さすぎず、助手席との距離もちょうどよい。後席に座るとシートバックが低いこともあり、想像以上にルーミーで、そこに現れるピクニック・テーブルもまた心憎い。

そうした寛げるキャビンの前方には、ストレート6の大きなエンジンが納まり、トランクも広大で、測ってみたら奥行きは１１１５㎜もあった。こうやって見てみると、今まで合理性を追求してきたＦＷＤ車はなんであったのかと、作ってきた自分自身を疑うほどである。

実はこのクルマは、少し前に英国で購入し、現地でレストアしてから送ってもらったものである。さっそくナンバーを取ろうとしたら、なんと足回りは泥とオイルにまみれ、エンジン・マウントは落ち、ブレーキのマスターバックはパンクしていた。送られてきた写真や、変更部品のリストを信用したのが間違いだった。

この際どうせならと思い、ヘッドを降ろし、ポートを今風に研磨し、圧縮を上げ、種々手を加えた。古いエンジンのチューンはバイクで苦労しているのでお手のものである。サスペンションもボールジョイントやブッシュはもちろん、エンジン・マウントも交換し、ブレーキも難しい構造のマスターバックをリビルト品に組み替えた。

なんとか組みあがり、いよいよ試運転である。まだナンバープレートもないが気持ちが先立ち、内緒で走らせることにした。キーをおもむろにオンにすると電磁ポンプがコト・コト・コト……とガソリンを送る。その音に納得しチョークを引いて、なんの問題もなくエンジンがかかることを祈って、スターターボタンを押した。クランキングの音には雑音もなく、リングギアが傷んでいないことを示し、少し間をおいてからエンジンがかかった。

水温が70℃ぐらいになったことを確認して、細いシフトレバーを指先でローに入れ、様子を見ながら静かに走らせた。シフトレバーやステアリングホイールが細いというだけで取扱いが上品になる。ジャガーはいつの時代もそのような繊細な感性に長けていて、ドアの閉め音もさることながら、ことEタイプはトランクリッドまで、ハンドバッグのようにカッチンと上品な音がした。

クルマだから走るのは当たり前だが、自分が組み立てたものが期待以上に走るのはなんとも嬉しい。まだエンジンやブッシュが馴染んでいないが、乗り心地はリーフのリジット・アクスルとは思えないほど滑らかで、路面のザラザラしたフィールが伝わってこない。ステアリングはノンパワーだから据え切りは極端に重いが、この乗り心地とステアリング・フィールがジャガーそのものなのだ。

しばらくはおとなしく走って様子を見ていたが、エンジンをチューンした効果も気になり、スロットルを全開にしてみた。すると、さすがは伝統の3・4ℓだけはあり、発進時に後輪が空転しタイアスモークがでるほどのトルクを見せつけた。

ブレーキは4輪ディスクを当時ジャガーは自慢していたが、今の交通事情ではやや心細い。また車体の剛性も低いので無理はできないが、現役時代ツーリングカーレースで常にトップを走っていたことがうなずける出来である。ジャガーの魅力は、ドライバーがのんびりしたい時には滑らかで上品な振る舞いを見せ、ひとたびスロットルを開けると野獣性を発揮するという二面性を持っていることにあると言える。

マークⅡでも後期のSタイプのほうが細かな配慮がなされ、子宮的快楽という面ではさらに優れている。シートの縦ステッチの幅が細くなり、インパネ中央にはスライド式の木製のトレイが収まり、しっとりとした質感を感じる。しかし、まぶたの付いたライトと、リアを独立懸架にしたためトランクが間延びしている点が、納得いかなかった。

いずれにしてもジャガーは、どの時代でも装飾的技法が過剰である。それは対米輸出を主体としたため、英国車の精神的な贅沢が米国においてプレステージ化され、表層的な部分が誇張されたものと思われる。しかし、我々庶民からみると、そこにアストンやベントレーとは違う親近感を感じるのだ。

最近、フルモデルチェンジしたアルミボディのXJ‐8がどんなものか気になり、さっそく試乗することにした。

スタイリングはXJ‐6の造形を継承し、ひと回り大きくなった5090×1900×1450㎜というサイズは、プレステージカーとしての品格と押し出しを備えている。プレス面の仕上がりも、以前とは違って質感の高さを誇っている。

室内はXK120のようにカウルが高く、適度な閉鎖感は安堵を作り、ジャガー特有の「子宮的快楽」はいまだに健在であった。乗り心地は高剛性アルミボディの効果が発揮され、減衰が素晴らしく、ジャガーの持つマイルド感はそのままに、フラットでしかもファームであることに驚いた。ロードノイズや風騒音もよく遮断され、心地よいエンジンサンドのみがドライバーに語りかけてくる。

そのV8の4・2ℓのエンジンも素晴らしく、極低速からリニアにトルクが湧き上がり、滑らかにしかも力強く加速する。いやいや、このエンジンにスーパーチャージャーを付けたXJ-Rは406psを発揮し、どの車速からでもスロットルを開ければ猛ダッシュするのだ。サスペンションは、巨体をまったく感じさせない軽快なフットワークと、定評のある滑らかさにさらに磨きが掛かり、長いホイールベースとオートレベリングによって高速時には車高を下げるため、スタビリティも優れている。

しかし、自分の好みを言うと、リアのロールセンターが高いためか、コーナーからの脱出時に従来のように腰を下げて加速するRWDらしい楽しさが弱まったことと、木目の多用とその造形が、アメリカ人好みであるかのようにきらびやかなところが不満である。おそらくフォードのジャッジがそうさせたのだろう。

XJ-8は、マークⅡから、いやその前から脈々と続く、滑らかで気品のある乗り心地はそのままに、さらに磨きの掛かったエンジンとサスペンションを備え、高剛性のボディと共に世界のトップクラスに進化した。しかも、いまだに天下一品の「子宮的快楽」が味わえるクルマなのだ。

英国車は安いオースティンから最上級のベントレーまで、この「子宮的快楽」があり、そこには媚のない「枯れた腹八分の良さ」がある。だから家族の一員のように思うのだろう。レンジローバーのディフェンダーも好きなクルマのひとつで、いつかは手に入れたいと思っている。荒地を走破するという機能に徹しており、その潔さが銃器にも似た格好よさを持つ。それでいて英国車らしい包容力も兼ね備えている点に心惹かれる。

日本車にも枯れた腹八分の良さを感じるクルマがいくつかある。ニッサン・セフィーロもそのひとつで、地味で目立たないクルマだったが、サスペンション・フィールが乗る人を穏やかな気持ちにさせた、大人のクルマであった。そういえばいすゞのビッグホーンもパジェロに押されて目立たなかったが、そういった面では良くできていた。

2-3 「父親」の強さ／象徴／威厳のクルマ

・優しくなった威厳のメルセデス・ベンツ

人は時として虚勢を張ったり、強さを鼓舞したいという気持ちが起きる。ワシは社長だ！

と社長風を吹かさなくても、最近増えているどでかいブレイザーやハマーもそのひとつだ。メルセデスは角が取れたといっても、やはりその代表格としての位置は変わらない。

長い間、メルセデスはナチス全盛期の槍のようなAピラーを付けた「グロッサー・メルセデス」の影響を引きずり、戦後の300シリーズにも独特の威圧感があった。ところが新型のSクラスは、パーソナルユースに180度方向を転換し、優しい面構成に変わり、小さく見せることにも成功している。それでも力強さと独特の押し出しを備え、やはりある種の存在感がある。

ドライブ・フィールもそのように設《しつら》えてあり、タイアがしっかり地面を捉え、なにごとにも動じない座り感がある。まるで力士がどっしり腰を据えたかのようだ。それでいてワインディングロードに持ち出すと、V8の5ℓを積んだノーズは、スポーツカー張りの回頭性を発揮し、パワーを掛けると、後輪駆動らしく尻を下げてコーナーをクリアする。タイアの接地性、ステアリングの追随応答性、その時のリニアな動きと滑らかさは、これ以上のものはないと思わせるに充分だ。

では乗り心地を犠牲にしているかというとそうではなく、滑らかなエア・サスペンションはマイルドで、従来のフラットでファームな乗り味も残している。ブレーキも後輪を引き込み、腰を沈めた低い姿勢を作り出し、制動距離が短い。

エンジンが醸し出すフィールも力士そのものである。極低速からトルクが盛り上がり、1860kgの巨体をどこからでも加速させ、強力なGが長時間続き、あっという間にリミッターに達してしまう。

新型Sクラスは、昔のような重苦しい威厳がなくなったというが、やはりシート形状といい、木目やカップホルダーの形状にまでそれが残っている。また操作系の重さや、ステアリングの戻りの悪さも重苦しさを作り出し、燃費の悪さもそのひとつである。普段の足に使おうすると、やはり眼に見えない威圧感が重くのしかかってくるのだ。これがメルセデスの良さでもあり、私が買わない理由でもある。

ところが、2004年6月に発表されたC230コンプレッサー・アヴァンギャルドはちょっと違うのだ。かなりスポーティに仕立て直され、気持ちよくグイグイ走らせることができる。エンジンもカタログ上の数値から受ける印象より元気で、ハンドリングもBMWの3シリーズ並みに回頭し、レシオを小さくしたスアリングはこのうえなく滑らかで、センターホールからの繋がりが絶妙に良いのである。しかも高速時の据わり感は損なわれていない。このクルマは、ちょっとしたリファインで、エクステリア・デザインを含めて、クルマが活き活きして見える。メルセデスも車格に合わせて、かなり味つけを変えているのである。

・180度方向を変えたキャディラック

アメリカ車というと、大排気量にまかせて、のんびりとオーディオを聞きながら、だらしない運転姿勢でフリーウェイを走る姿を思い浮かべるが、まさにそのとおりで、ダルなステアリングと抜けたようなダンパーのフィールが、ギスギスした心を解きほぐしてくれる。

そんな解きほぐしを期待して新しいキャディラックのCTSに乗ると、期待を裏切られるほど無国籍になった。スタイリングだけでなく、サスペンションもエンジン・フィールも、従来の概念とはまったく違うのだ。アメ車は本来このカテゴリーではないが、新しいキャディラックのCTSはまさにここに収まってしまう。

長い間キャディラックのラインナップは、FWDのセヴィルとエルグランドのみで、エンジンもV8の4・6ℓ、1本しか持たなかったが、ここにきて一気に反撃に出た。RWDのプラットフォームを起こし、このCTSを皮切りに、ロードスターのXLRとSUVのSRXを登場させ、セヴィルもRWDに変わった。

足回りはハード仕様ということだが、それにしても街中ではバネの硬さが気になった。しかし100km／hを超すとスタビリティは高く、高い車体剛性と相まってフラットでファームな乗り味に変わる。まるでドイツ車のようで、ニュルブルクリングを走り込んだということが納得できる。コーナーでもしっかりタイアを使い、高い限界性能を発揮する。しかしステアリングはフリクションがあり、また素直さに欠けている。おそらくジオメトリーに何か難があるのだろう。細かなところでは、ＦＷＤのようにリアに荷重が移動せず、ブレーキングでも前輪に頼りすぎるきらいがあるところが気になる。

エンジンはオペルの３・２ℓのＶ６だが、１・６ｔの車体に対して非力ではなく、６５００ｒｐｍのリミットまでしっかり使え、高速では予想以上のパンチがある。アメリカ車というとＶ８を期待してしまうが、ここでもドイツ車のようなフィールを与えている。

ＣＴＳの造形はキャップ・ワセンコが手掛けたものだが、ベースは英国人のサイモン・コックスの、ステルス戦闘機をイメージしたというコンセプトカー「イマージュ」である。折り紙細工のようなスラントしたウェストラインとスクエアなリア回りは、かなりの押し出しがあり、寸法以上に大きく見える。

インテリアは大きく見える外観とは逆に、インストルメントパネルが室内に迫り、助手席は狭い足元とスラントしたＡピラーで圧迫感を感じる。革張りのシートはフル電動とシート・ウォーマーを組み込んだためか、クッション性に欠けていた。これはまったくの主観であるが、一時代が過ぎると陳腐化が早いデザインであるように思える。

こういったクルマに乗った後はまったく別の発想が頭をよぎる。ヨーロッパの街並みは、外観はそのままに内部だけを使いやすく改造しているが、クルマも外観はそのままに、内部のみ最新技術で作り替えたらどうであろうか。クルマは街の景観を担うひとつだから、ロンドンタクシーのような街と一体になったデザインは、外観はそのままに中身だけハイブリッドか燃料電池に進化させたほうが良かったと思う。

ロンドンの街並みにはロンドンタクシーが、ニューヨークの街並みにはイエローキャブが、パリの街には小さいルノーやシトロエンがひしめき合っているのが似合う。では日本の街並みに合うクルマと聞かれると答えは難しく、なんでも許容しているように思う。それは街が雑多であるからだ。

新しいキャディラックは、ガラス張りの高層ビル群の中では絵になるだろう。しかしこれがアメリカ人の好むキャディラックかどうかは判らない。

2-4 「大人」の賢く合理的なクルマ

・日本人の情緒を表現したクラウン

「いつかはクラウン」と親父が頑張っていたら、息子が先に買ってしまったという、日本の世情を表した言葉がある。クラウンはそれほどまでに日本人の心に入り込んでいる。

戦後、国民車構想が生まれて、誰もがクルマに憧れ、モコモコ煙をはいた2サイクルの軽自動車の中に、だるま型のクラウンが誕生した。エンジンは１５００ccで、観音開きのドアが付き、日本の最高級車だった。我家にも黒塗りのクラウンがあったが、当時、幅を利かせていたアメリカ車とは違い、いかにも日本的で誇らしくさえ思えた。その日本の高級車が今や世界の頂点に立ったのである。

なにしろ４００万円台のクルマの中では、性能、品質とも最高位にあり、１２００万円のメルセデス・ベンツ５００Sと比較しても引けを取らない。いや、マジェスタはそれらをも超えている。加えてメインテナンス費用やガソリンなどの維持費を考えると、世界中探してもクラウンの右に出るクルマはないかもしれない。賢く合理的なクルマの最高峰は、やはり新型クラウンである。

その設《しつら》えはどこかジャガーにも似て、家族とのんびりしたい時には静かにおおらかに振る舞い、ひとたび鞭を入れると、静かなＶ６は高性能なビートを響かせ、後輪を空転させながらダッシュする。

直噴エンジンと連続可変のＶＶＴの組み合わせは、今までにない新次元の世界を作りだし、極低速から６３００ｒｐｍのリミットまで、トルクフルというだけでなく、緻密なフィールと従来にない燃焼状態を感じる。それはマジェスタのＶ８ ４・３ℓをも超えている。

滑らかで乗り心地の良いシャシーも、その気になればスポーツカーに変貌し、狙ったラインを乱すこともなく追随し、主人の要求に付いてくる。サスペンションは前後のバランスに優れ、ステアリングもリニアに応答し、フロントが軽く感じるのだ。いっぽう、マジェスタはひと味違うどっしりと据わったフィールがある。乗り心地も秀逸で、マイルドさを残しながらフラット感を実現し、また車体の減衰が良いため、すっきりしたフィールに仕上がっている。

驚いたのは静粛性で、パワーウィンドーを閉めた瞬間に街の雑踏がすっと消え、いいクルマに乗っているという満足感を味わうことができる。それは高速でも変わらない。トヨタの開発指標には走行時の会話明瞭度指数というのがあるが、先代から８％向上したというから声が通りやすいのであろう。耳障りなロードノイズや風騒音、砂はね音などを殺し、エンジン・サウンドだけが心地よく耳に入る。本来なら直噴のためエンジン音が大きくなったはずだが、透過音は静かなのだ。

エクステリアデザインは、この中身の濃さをもう少し表現してほしかったところだが、クラウンが持つ保守的な顧客を考えると、こうならざるを得なかったのかもしれない。個人的にはエクステリアはマジェスタのほうが好きだが、いずれにしてもプレス面の美しさも世界の最高位にある。

インテリアは基本に忠実にウォールナットとベージュの本革を組み合わせ、合い添いの精緻感はさすがと思わせる出来栄えである。室内はドライバーズカーに変貌しながらも後席は広くなり、また高齢者の乗降性を配慮し、前席のシートバック裏にグリップが付いている。こういう配慮を見ると、昔のクルマに付いていた電車の吊り革のような天井から刺繍した紐が垂れていたことを思い出す。

このクルマは至れり尽くせりで、最初は音声ナビなどの余計なお節介《せっかい》が気になっていたが、人間というのは面白いもので、自分が道に迷ったりして気弱になると、その親切が嬉しく感じる。入院すると看護婦さんが綺麗に見えるのと同じ心理なのかもしれない。

あえて気になるところを挙げれば、ブレーキがややコントロールしにくいこと、電動ステアリングはセンターホールが狭いため穏やかさに欠けること、タイアの減衰不足と、革シートの表皮が乗り心地のマイルドな味を阻害していることだろうか。

ところが今回発表された新マジェスタは、これらがすべて改善されているだけでなく、しっとり滑らかに仕上がり、メルセデス500Sのようなうざったい重々しさもない。

ところで肝心な燃費はどうだろうか。高速巡航とノロノロの都内では急加速を試みたが、9・7km／ℓ（マジェスタは6・7km／ℓ）を示し、500Sの約2倍の高燃費だった。「ゼロ・クラウン」と名づけ、エンジンもシャシーも新規に作り直したことが納得できた。

実際のところ、燃費を向上させるのはなかなか難しいことで、エンジンだけではなく、車体の軽量化、空気抵抗、さらにはシャシーまでが影響し、技術の総合力で決まる。言い換えるなら、燃費の良し悪しでメーカーの技術力を判断することができると言える。

クラウンというは、このように賢く合理的なクルマであるが、それだけではない。このクルマには日本人特有の安堵を感じる。新型クラウンのインテリアは無国籍に近づいてはいるものの、やはり控えめで繊細である。それはドイツの質実剛健でもなければ、ベルサイユ宮殿のこれみよがしの壮麗さでもなく、さりとて前衛的でもない。では捉えどころがなく無個性なのかというと、そうではない。そこには、ドイツ車やフランス車はもちろん、イギリス車やアメリカ車にもない情緒がある。いや、そうなって欲しいという気持ちがクラウンを応援してしまうのだ。

我々の中には、繊細で控えめな情緒だけでなく、備前や常滑焼《とこなめ》のように素朴でがっしりした美しさや大胆で粋な陣羽織にも心惹かれるように、まだそうした「美」を感じる心を内包しているように思う。

・20世紀のトリを飾った大物プリウス

クラウンの日本的な情緒もさることながら、プリウスを運転していると、なぜか自分まで賢くなったような錯覚に陥り、なんだか世の中に良いことをしているような気分になる。プリウスにはそんな力がある。じゃあ、クルマを止めればもっと賢いかというと、そのとおりで、今や自転車と歩行者が一番賢い。

私の日々の足はもっぱら自転車だが、自転車に代えてみると、日本の道路行政はまったく自転車を無視していることに気づく。たとえば、実家のある三軒茶屋から渋谷まではわずか4kmだが、自転車では行けないのだ。大枚をはたいて買ったものなのに、力を発揮できないでいる。

この自転車はGTラッカスというもので、ダウンヒル用の力強いデザインに惚れて、30万円も出してしまった。当初は、街乗りにしか使わないのだから5万円ぐらいでと思っていたが、愚息が「なんちゃって自転車」でもいいわけ?と、釘を刺してきた。そこで焦《あせ》らず、何軒か専門店を回るうちに眼も肥えてきて、「なんちゃって」はやっぱり「なんちゃって」でしかないことが判ったが、満足できるモノは１００万円もするのだから手も足も出ないため、これに落ち着いた。

この自転車はアメリカ製だ。自分の中では「米国製品の非買運動」をしているので抵抗があったが、残念なことにＭＴＢの世界では米国製が群を抜いている。それは自転車でもそれを使った遊び方に長けているため、魅力的な商品が生まれるのだろうと思った。

そんなお気に入りに乗って出掛けると、車道には配送トラックが停まり、それを縫うように走るのは危なく、歩道に上がれば、店の商品がはみ出しバイクや自転車が停めてある。その隙間を歩行者や乳母車が縫うように歩いている。それを「すいません！　すいません！」を連呼し、喉が枯れたころ大橋に着くと、歩道橋の階段しかなく、いくらダウンヒル用でもここは登れない。よく見ると三茶の歩道には「自転車通行可」の標識があり、その横には「自転車は押してください」と書いてある。

道路行政の人は自転車に乗らないのだろうが、たとえ自転車に乗らなくても、海外視察に出掛ければ、自転車専用道が完備されていることはご存知だろう。それともそれも知らずに観光旅行で終わっているのだろうか。

欧州の自転車専用道は、街中から郊外まで完備されていて、そこをうっかり歩いていたら注意されてしまったが、駅には地下に大きな駐輪場が用意され、行政も一般市民も「環境に配慮しています」という気持ちが伝わってくる。日本でも自転車に乗ることが楽しくなるように、自転車道の横に緑や洒落たカフェでもあれば嬉しいわけで、そういった人の心をくすぐる対策がCO_2を減らす。

プリウスも「環境を配慮しています」というメッセージを発信している。モーターとエンジンを巧みに組み合わせたハイブリッド技術と、そのコントロールのスムーズさは考えられないレベルにあり、初代プリウスは20世紀を締めくくったクルマとして、世界的に認知された大物である。

今回のモデルチェンジではさらに磨きが掛かり、走りっぷりは燃費優先という考え方を根底から覆すもので、エンジンのトルク（11・7mkg）にモーターのトルク（40・8mkg）が加わり、街中でも高速道路でもスロットルを開けると他車を置いていくほどである。その要因は、大型電池を積んでいるにもかかわらず1250kgの軽い車体と、0・26のCd値を実現したからに相違ない。

実は第三京浜のインターで隣のクルマが、プリウスを舐めてかかったのか、ランプのコーナーをインから挿してきたことがあった。なんてことはなくそのままスロットルを開けてアウトから被せると、付いてこられなかったほどの加速ぶりを示した。

そのためか、エアロキットはもちろんのこと、17インチの扁平タイアと20㎜のローダウン・スプリングまでが用意されている。冗談も徹底していると思ったが、このクルマは4輪とも接地性が良く、乗り心地も車体の減衰が良いため、質感のある乗り味で、妙に納得してしまった。

言わずもがな、静粛性は非常に高く、エンジンかモーターかの判別がつかないほどで、ロードノイズも風騒音も、EV特有なヒューンという高周波音も気にならない。街中ではあまりに静かで歩行者が気づかないこともあったが、深夜はEVモードにするとまったく音がしないので、気兼ねなしに車庫入れができる。

そうはいっても気になるところもいくつかある。サスペンションのバネが硬く、シートのストロークが少ないため、穏やかなフィールに欠けている点である。またステアリングの応答に遅れがあり、やや正確さに欠ける。ブレーキはオーバーサーボと減速発電のためかコントロールしにくく、停車寸前にコックンと揺れ戻しがある。でもそんなものは些細なことで、肝心な燃費は、自転車には及ばないものの、バイク並みの17km／ℓを示した。

ここで少し燃料の話をしたい。今、自動車メーカーは燃料電池の開発に躍起になり、一方で中部電力が開発した超重質油を石油と同等に変える技術が話題を呼んでいる。それは今の石油は２０４０年で消費し尽くされ枯渇するからだ。それだけでなく私は、73年、79年に世界を襲ったオイルショックが、10年後の２０１５年頃に再び発生しそうに思うのである。

『ＯＩＬ ＮＯＷ』（石油情報センター発行）によると、確認可採埋蔵量は１９９７年時点で1兆１９５億バレル（1バレルは１５９ℓ）あり、この埋蔵量を１９９７年の生産量で割ると43年分となり、２０４０年に使い果たしてしまう計算になるわけだが、73年時の可採年数は30年という発表であったから、本来なら２００３年に石油は枯渇していたことになる。そうならなかったのは、採掘技術が進み、今まで困難とされていたところからも採掘が可能になったからで、高コスト石油を採掘しているからだ。

考えてみると、石油を大量に使う先進国は、世界で最も不安定な地域の石油にすべてを依存しなければ生きていけないという、理不尽な構図がある。

いっぽう、世界の経済地図も大きく変わり、東アジアが経済の中心になりつつある。すでに中国の石油消費量は、米国に次ぐ第2位であるから、石油確保のために、国家と国家を離れた経済圏で混乱が生じる恐れがある。すると石油を確保することが、国家権力の維持に繋がり、各国ともエネルギー確保に乗りだす。そのため高コスト石油の採掘と、アジア経済、そして各国の石油確保の思惑がぶつかる２０１５年ごろに、第三次オイルショックが起きる可能性があると言えそうだ。

納得いかないのは、環境アセスメントの京都議定書に石油消費量が最も多い米国が合意しないだけでなく、消費量が2位の中国が削減対象国にも入っていないことである。最近の中国と日本の共同調査で、中国の青島上空のNO_Xが東京上空の24倍もの濃度があることが明らかになっているにもかかわらずだ。そういった状況を知ると、京都議定書の、世界における批准状況があまりに片手落ちに見えてしまう。さらに米国は、CO_2総排出量の80%をカバーする案を提出するというから、このままでは日本の立場がなくなってしまうように思う。

黎明期の自動車は蒸気機関が50%、電気が30%、ガソリンが20%だったが、100年たった今は次なるエネルギーへの転換に迫られ、世界中の自動車メーカーがこぞって代替エネルギーの開発を進めている。しかし、これには膨大な開発資源が必要となるため、資金力と優秀な人的資源があるメーカーが世界を治めることになるであろう。

エネルギー体系を移行するにはまだ時間が必要だが、その間、日本ではこのハイブリッドが注目を集め、ヨーロッパではディーゼルエンジンが次善策として選ばれている。

・痛快な実用性のメルセデス・ベンツD310バン&ルノー・カングー

そういった状況を反映してか、最近の欧州のディーゼルエンジンは非常に優れている。家族4人でヨーロッパ4000kmの旅行を行なったが、その際に使ったアウディA4ワゴン(1・9ℓ、DE TDIターボ)は、下手なレシプロより静かで160km/hのクルージングを楽にこなした。しかもその平均燃費は驚くことに17・0km/ℓを示し、最悪でも16・2km/ℓ、ベストは17・8km/ℓであった。大人4人と荷物を満載し、尻が下がった状態であるにもかかわらず、250ccのバイク並みの燃費である。

私がモーターサイクルのトランスポーターに使っているメルセデスのD310バンにも、ドイツ人の徹底した合理性が貫かれていて、その潔さが痛快なほど気持ちいい。日本では救急車に使われている大きい奴だが、バイク4台と8人の移動が可能で、室内高は1860mmもあるから車中で着替えや整備もできる。しかも燃費は10km/ℓ近くも伸びるのだから、合理性は天下一品と言える。ちなみにサイズは5260×1960×2500mmで、エンジンは5気筒の2・9ℓディーゼルである。

このクルマで広島‐東京間を往復しているが、最高速度は120km/hぐらいしか出ない。しかし運転していると実に気持ちよく、広島を過ぎても、そのまま九州にまで行ってしまおうかと思うほど疲れを覚えない。それにはシートもさることながら、フロントウィンドーの位置と大きさが貢献し、インストルメントパネルも機能重視の造形が気持よさを造りだしているせいだろう。

ふだん気にもかけないフロントウィンドーは、実は物差的な役目を果たしており、ウィンドー越しに見る人や電柱は、そのサイズと位置により違って見える。ウィンドーが大きめで適切な位置にあると、ユーザーはしっかりしたクルマに感じ、胸を張って気持ちよく乗れる。これに気づいたのは、20年以上前に台形の格好をした初代FFファミリアを開発している時だった。内外のクルマを何台も乗っているうちに、ウィンドーの位置と大きさにより、景色が違って見えることを発見したのだ。

話をもとに戻し、知人が乗っている新型のTNは、D310からさらに進化した。空気抵抗を減らしたボディと、1・9ℓのディーゼルターボを積み、160km／hの巡航が可能で、燃費も10km／ℓを楽に超えるといっていた。

燃費の良いディーゼル車のシェアは、日本ではわずか6％しかないが、全欧では40％にも達している。多いところではオーストリア62％、ベルギー57％、スペイン54％、フランス49％、ドイツでは30％である（01年第4四半期）。

ところが、このお気に入りのD310のトランスポーターが、03年10月より東京、正確には8都県市、千葉県、神奈川県、埼玉県、横浜市、川崎市、千葉市、さいたま市に入れなくなった。そうはいってもこのクルマを廃棄する気にはなれないので、100万円掛けて、黒い煤を吸着するPM集塵装置を取り付けることを覚悟した。個人ユーザーにはなんの補助も出ないから、それなりの覚悟がいる。

このPM集塵装置さえ付ければ、このクルマにズーッと乗れるものと思い、確認のために環境省管理局自動車環境対策課というところに電話をした。すると「東京都の規制をクリアしても国の規制のほうが上にあり、それが04年10月から施行されますから、その期間だけです」という冷たい返事が返ってきた。

では新しいベンツのTNならその規制をクリアするのですか?と聞くと、「クリアしていません」。ではクリアしているクルマはどれですか?と尋ねると、「今のところありません。詳しいことは国土交通省自動車交通局環境課に聞いてください」と言う。

次に国土交通省……という長い名前のところに電話して、国の言うNO$_X$、PMをクリアする後付けの触媒はないのですか?と聞くと、「これから1件、評価するところで、今のところありません」。じゃあ、どうすればいいのですか?「同型式のガソリン車にしてください」TNにはガソリン車がありません。それよりPMを減らしても、CO$_2$が増える件はどうお考えですか？と聞くと、先に電話した「環境省……」という長い名前のところに聞いてくださいと言う。

　こんな押し問答では納得いかないので、もう一度、環境省管理局自動車環境対策課に電話を入れて、我々一般人が納得するようにご説明願いたいのですがといって、次のような質問をした。

「日本は軽油に対して長い間、優遇税制を取り、安くして国民に使うように促してきました。ところが、だいぶ前に尼崎大気汚染訴訟でディーゼルは諸悪の根元とされ、その後も大型トラックが煤煙を撒き散らすことは、たびたび問題になっています。にもかかわらず軽油に含まれる硫黄分の規制が、欧州の50ｐｐｍに対して日本は相変わらず５００ｐｐｍです。

　国の対応に業を煮やした石原都知事が独自の規制を打ち出したら、あわてて環境省は別の規制を出しました。その規制が急であったため、自動車各社はいまだに追随できずにいます。そのため国民は新車に入れ替えても猶予期間しか乗れない。けれど新車を次々に買い替える余裕はどこにもないのです。それどころか、環境省が排気ガスという大儀の下で、次々に大型ゴミを出すような仕事をしているではないですか。

　なぜ、優遇税制の中のわずか2～3円を使って製油所に脱硫装置を備えることを、もっと早い時期にしなかったのですか。このほうが遥かに効果的なのは明らかでしょう。あなた方は国の将来を見て、手を打つために我々の税金で働いているのでしょう」

そう問うと、「軽油の硫黄分はすでに欧州並みの50ppmになっています」と答えてきた。

「それは国の規制ではなく、石油メーカーが自主的にやっていることで、規制は相変わらず500ppmではないのですか？」

すると、最初は元気がよかった担当官も最後は口ごもって、返事もできず、ましてや電話を一方的に切ることもできず困り果てた様子だった。

別に担当者いじめをしているつもりはないが、事実、日本ではディーゼルのイメージが悪く、尼崎大気汚染訴訟では諸悪の根元とされ、石原都知事はペットボトルに入れた煤煙を見せて、1km走ると1g排出し、1日でこのペットボトル12万本が撒き散らされていると力説した。

日本と欧州とで見解が逆なのは、彼らは真っ黒いPM（粒子状物質）が出ないように軽油に含まれる硫黄分を減らし、酸性雨の原因になっているNOxに、エンジンと触媒で対応しているためで、CO_2の少ないディーゼルが環境に良いとしているのである。

ついつい自分のクルマが使えなくなるので力が入ってしまったが、合理性にもお国柄が出ていて、ドイツにはドイツの合理性が貫かれているが、日本の政府には合理性どころか道理すらない。その合理も道理もない環境庁がDEの規制値を決めるから、環境省自らが大型トラックという粗大ゴミを発生させているのだ。

さて、このD310を小さくしたのがルノーのカングーにあたり、花屋かケーキ屋を連想させるほのぼのとしたスタイリングは、パッケージの良さをみごとに表現している。見ただけで、これ1台あればあれもこれも積んでどこかへ行ける！と勝手に夢が広がってしまう。スリーサイズは4035×1675×1810㎜と車高が高く、頭の上の空間が脳天気なくらい抜けていて気持ちいい。自転車なら2〜3台は積めそうだ。こういうクルマは端《はな》から性能なんか期待しないから面白い。

では、その性能はというと、エンジンは1・6ℓのDOHC16バルブで、70kW（95ps）、148Nm（15・1mkg）という数値にしては、音のせいもあって元気よく走る。日本では3ナンバーが付くが、もともとは商用車だから、ルーテシアやメガーヌとは大違いでロードノイズやエンジン音も大きく、ステアリング・フィールは滑らかさに欠けている。価格は192〜195万円だが、日本にも安い商用車を入れたら販売はさらに伸びるものと思う。ちなみに、欧州では3年間で120万台（3万3000台／月）を販売した大ヒット商品である。

この楽しさの原点は、61年のルノー・キャトルや、その後のエクスプレスにあろうが、いずれもフランス人の合理性が出ていて楽しい。初期のキャトルは2CVに似たところがあり、シートはパイプにゴム紐を巻いたハンモック式で、チェンジレバーもダッシュボードから生えていた。面白いのはホイールベースが左右で違っていたことで、左がリアのトーションバーのぶんだけ40㎜長かった。

エクスプレスもユニークなクルマで、大きな荷物を入れる時は観音開きのバックドアを開け、次にルーフの後端を左右に繋げてあるメンバーを外すと、大きな家具まですっぽり納まってしまう。

このカングーと比較してしまうのが、フィアット・ムルティプラである。こちらもユニークで、ボディ幅を1875㎜まで拡大した3＋3の6人乗りである。カングーとは異なり上質な空間と多彩なシート・アレンジで居室と荷室の両立を狙っている。これもなかなか魅力的で、縦に2＋2＋2より、開放的な室内に横に3＋3の方が会話も弾み、親密感も増すように思う。

今のようなギスギスした時代には、カングーやムルティプラのように、ほのぼのとした合理的なクルマが魅力的に映ったりする。

2-5　「お兄さん」の素直／順応のクルマ

・心を開放するユーノス・ロードスター

　イギリスに行くと、いまだに50～60年代のモーリス・マイナーやウーズレーが日常の足に使われており、時々、路肩にクルマを停めて、買い物帰りの老婦人がボンネットを開け、頭を突っ込んでいる姿を眼にする。おそらくディストリビューターでも点検しているのだろう。こういったクルマに乗っておられる方々は決まって年配だが、長年連れ添った相棒の面倒でも見ているようで、ほほえましく映る。もっとも、年配でなくても彼らは当たり前のようにメインテナンスしながらクルマを使っている。

　ドイツでも日本と同じような車検制度があるが、誰もが自分で整備をして検査を受ける。それはアメリカも同様で、大きなスーパーに行くと排気管がズラーッと並んでいて、その中から自分の車種に合うものを探し、休日に奥さんと一緒に交換している。

　クルマやモーターサイクルというのは道具だから、自分で点検し、壊れれば直して使うのが当たり前だ。自転車だってチェーンに油を注したり、タイアのパンクぐらいは誰でも直す。椅子でもギシギシ鳴けば釘を打つ、これがモノとの付き合い方である。

本来、技術屋にもそういった考え方がなければならず、機能をいかにシンプルな構造で作るかが、開発者の腕の見せどころである。しかし、昨今はわずかな性能のために、簡単なものまでブラックボックス化し、手に油してモノを触る機会をなくしてしまった。それは設計者自身が手に油していないからである。

家電を修理に出すと、決まって言われるのが、「直すより買い替えたほうが安いですよ」という言葉だ。ちょっと直せば使える家電が次々にゴミになる。買い替えが簡単でないクルマは、「アッセンブリーで交換しますから」と言われ、メインテナンスすれば使えるものをゴミとする。

リサイクル法も大切だが、モノを直して使うことのほうがもっと大切なわけで、壊れてもユーザーが直せるシンプルな構造にすることが、今や一番進んだ技術ではないだろうか。

私が担当したユーノス・ロードスターは、ブラックボックス化をできるだけ避け、ユーザーが標準工具で整備することを願って開発したクルマである。ところが残念なことに開発者の思惑は外れ、オイル交換ですら自分でやらない人が多い。そういった人に限って、ショップやディーラーへの不満や、腕の良し悪しの会話をする。まずは自分でスパナを持ってほしい。手に油する楽しみを知らないと、モノを表層的にしか捉えることができないからである。

ＬＷＳでは特にその楽しみを味わえる。そういったモノとのコミュニケーションによって、タイアやエンジンの声が聞こえるようになるのだ。タイアの空気が少ないことも、滑りやすい路面であることもステアリングから伝わってくる。エンジンはもっと敏感に天候まで教えてくれる。たとえば、雨の前は湿度が高いためエンジンは静かになり雨が降ることを伝え、カラッと晴れた寒い日は元気になり、最高のパワーを発揮し乾いた音に変化する。実はこのクルマとの楽しい対話が重要で、ひいてはこの対話が交通事故を減らすことに繋がると思う。

翻って、スポーツカーとは何かと問われると、私は次のように思う。スポーツカーとは走りの性能でもスタイルでもなく、人の感情に呼応し、「心を開放させる」ことのできるクルマだと考えている。いくら高性能でも、心を開放できなければスポーツカーとは言えず、逆に性能が低くても、心を開放できれば、そのクルマは紛れもなくスポーツカーである。わずか９９７ccのヒーレー・スプライトが、それを物語っているではないか。

したがってスポーツカーほど、機能や性能では測れず、作り手の情緒が問われるものはない。人マネや理論だけでスポーツカーを作れるはずはなく、作り手が自問自答し、その積み重ねが知らぬうちに情緒へと変化し、それが形となって、結果的に使い手の心を開放するものであると思う。

開発者の情緒が醸成されるには長い年月がかかる。情緒というと難しく感じるが、作り手の「器」という人間性がモノには表れてしまう。この作り手の器によって、ＭＧの世界、アストンの世界、アルピーヌの世界、コブラの世界、フェラーリの世界、そしてユーノス・ロードスターの世界が存在すると言える。

名車と呼ばれるものは、この開放のさせ方が実にうまく、普段は主人の気持ちに沿って穏やかに振る舞うが、ひとたび鞭を入れると牙を剥き、非日常の世界を覗かせる。この垣間見る非日常の世界は、時代とともに変化し、また人によっても臨界点が違うため、スポーツカーの定義がバラバラなのだ。するとスポーツカーはこの時代とともに変化する臨界点に沿ったものでなければならない。

しかし、この臨界点の設定というのはなかなか難しく、「五感を研ぎ澄ます要素」の設定の仕方いかんで決まってしまう。境界が低ければインパクトに欠け、高すぎると腰が引けて、付いてくる人が誰もいなくなってしまうのだ。だからこそ開発者の腕の見せどころなのだろう。

ユーノス・ロードスターは、乗る人の心を健康的に開放することができたと思う。もちろん、オープンエアという実質的な面もあるが、主人に素直でありながら、人を元気にさせるエネルギーを発信していた。

それは私が初めて担当した初代ＦＦファミリアも同様である。このクルマは１９８０年の発表であるから、すでに記憶の外かもしれないが、台形のスタイルをし、赤いＸＧというモデルが大ヒットした奴だ。今のクルマと比較すると、完成度や品質などは比べものにならないが、乗る人をウキウキさせる力があった。それはダイレクトなステアリングや短いシフトレバーが、アップテンポなリズムを刻んでいたからである。

・気持ちが若返るルノー・メガーヌ

メガーヌのステアリングホイールを握った瞬間も、この初代のＦＦファミリアを思い出した。品質や性能といった次元の話でなく、運転していることが楽しく、人を若返らせる力があるという点が記憶を揺さぶったのだ。

メガーヌはそのはつらつとした運動性能だけでなく、スタイリングも元気で、特にヒップ周りは異質な要素を巧みに組み合わせ、斬新でありながらエレガントにさえ見える。それでいてパッケージと両立させているのは、さすがパトリック・ル・ケモンだけのことはある。そういった要素が若いエネルギーを発信しているのだろう。

斬新なエクステリアに対して、インテリアはオーソドックスなため安心感を創り出し、外観から受ける印象とは違いラゲッジスペースは充分にあり、後席も不満のないレベルである（それでも欧州ではやや狭いと言われているらしいが）。

運動性能はクリオの良さを伸ばした、まさに兄貴分で、サスペンションは前後の剛性バランスが良いため、コーナリング中も挙動が安定し、タイアがよれることもなく、トレッド面でしっかり路面を捕らえている。そのためステアリングはリニアで、切ったら切ったぶんだけグイグイ曲がり、スタビリティもすこぶる良い。

乗り心地とハンドリングのバランスが高いだけでなく、タイア、サスペンション、ボディ、シートのそれぞれの減衰がほどよく調和しているため、乗る人を心地よくさせてくれる。また二重フロアの効果のためか、遮音が効きロードノイズもよく抑えられている。アンダーフロア・ボックスが置かれているのも最近のルノーらしい配慮である。

ステアリングは、電動パワーステアリング（車速感応式）であることを気づかせないほど、滑らかでリニアな特性を持っている。しかしキャスター・アクションのような、ステアリングを戻そうとするフィールが街中では気になった。

トルクフルな2・0ℓエンジンは、93㎜のロングストロークの効果だろうか、パーシャルでパンチがあり、１３２０㎏の車体を軽く感じさせる。

このクルマは、03年ヨーロッパ・カー・オブ・ザ・イヤーを獲得し、販売実績もこのＣセグメントでナンバーワンを誇る11・6%を示している。それは、このクルマには人を元気にさせる力がみなぎり、誰もがそれを魅力的に感じているからであろう。

この元気にさせる力は、サスペンションをスポーティに振ったというのではなく、作り手の考え方やクルマ作りの思想が明確であるから生まれるのである。

2-6 「赤ちゃん」の甘え／我儘《わがまま》なクルマ

・アメリカン・ヒーローにさせてくれる〝アメ車〟たち

1950〜60年代というのは世界中がばら色に輝いていた時代で、日本でもスマイリー小原の演奏するプレスリーのロックンロールが日本中を席捲していた。アイビー・ルックが格好よく、男の子はVANの細いパンツに踝《くるぶし》を出し、女の子は左右に揺れるポニーテールに、ペチコートで丸くふくらんだスカートが、さらにジルバのステップで広がり、日本中が華やいでいた。

週末にはダンスパーティが催され、「ハマジル」なんていう崩したジルバや、ダイヤモンド・ステップというマンボが流行っていた。今より貧乏だったにもかかわらず、夢があり、同じ日本とは思えないほど華やいだ元気さがあった。

クルマもアメリカ車が人気で、私もその時だけは兄貴のグリーンメタと真っ白に塗り分けられた55年のシボレーのベルエア・ワゴンを持ち出し、45円のガソリンを10ℓだけ入れてパーティ会場に向かったものだ。バイクいじりで真っ黒になった手をタワシで洗い、ベルエアのベンチシートをワックスでツルツルに磨いてのお出掛けである。広いベンチシートの遥か向こうに恥ずかしそうに座った女の子も、ツルツルのシートのお蔭で、コーナーでは運転席まで滑ってきた。

そのベンチシートはボディカラーに合わせ、白とグリーンの華やいだツートーンだった。材質は安っぽいビニールだが、人をハッピーにさせる力があった。クルマだけでなく、時代そのものがハッピーだったが、この時代のクルマは今見ても、人を幸せにする力がある。

それから何年か経った30歳後半のころのことである。マツダに転籍し、すぐに東京に帰るはずがいつの間にか広島に住みつき、自分で設計した粗末な家も建てた。クルマはローバーの2000TCから、一気に中古の軽自動車に替えた。シャンテとフェローマックスである。

シャンテは自分で開発した2サイクル・エンジンだった。

それはそれで潔《いさぎよ》かったつもりだったが、家を建てたからといって、趣味までをも我慢するのが、どこか女々しく思えた。そもそも軽自動車にしたからといって、いくらの倹約になったかは判らないが、心まで貧乏くさくなったように感じた。そこで360ccの2サイクルから、一気に5ℓV8のマーキュリー・クーガーに替えたのだ。

この67年型のクーガーは、マスタングの兄貴分に当たるもので、小ぶりな車体にハイパワーのエンジンを積み、質感も高かった。前のオーナーがサスペンションを強化スプリングとモンローのダンパーで固め、10Jの幅広リムを履かせて、前を下げたその姿勢は、ドラッグ・レーサーようでなかなか格好よかった。

この時代のアメリカ車は小ぶりなため使い勝手がよく、燃費も郊外では8㎞/ℓだったから普段の足として充分使えたのだ。アメリカ車の面白いところは、V8特有の〝ゴッツゴッツゴッツ〟というアイドルの鼓動と、NからDレンジに入れた時に首がのけぞるN/Dショックである。ブレーキを踏んでいても首の骨がグギッとなるほどのショックが生まれる。

面白いもので、ショックが大きいとエンジンのトルクも大きく感じられ、それが嬉しい。日本車は操作系をエレベーターのタッチパネルのようにするきらいがあるが、そうであってはならない。クルマは、眼で確認しなくても済むよう、操作に対する返事が必要なのである。

どうも〝アメ車〟というと、この時代に戻り、自分の中の甘えや我儘《わがまま》な部分をクルマに求めてしまうように思う。最近はクーガーもＦＷＤに変わってしまったが、今でも〝アメ車〟らしいクルマといえば、シボレーのアストロが挙げられる。

アストロは元祖ミニバンとして85年に生まれたクルマで、よそがＦＷＤに変わっても昔のＲＷＤのまま、いまだに生産されている。04年の新車でもボディはブルブルし、ダンパーも抜けたようなフィールで、ステアリングもルーズだが、この大雑把なフィールがかえって人の気持ちをラフにしてくれる。サイズも４７５０×１７６０×１９３０㎜と大柄なため、かまわずモノを積み込め、何かあってもなんとかなるだろうという気持ちにさせてくれる。

エンジンも大雑把だから、燃費や環境なんかを考えることもないし、気楽に乗っていたら、なんと３・８㎞／ℓだった。都内のみということと、四駆ということを差し引いても、これは社会悪だ。

そのアストロをたまたま世田谷の家に停めていたら、愚息の友達がマツダ・プロシードの四駆にエンデューロ・マシーンを積んでやってきた。これはこれで絵になり、赤いボディ色にマッドなタイアを履かせ、荷台に載せたオフのバイクが絵になっている。

この２台のワイルドでルーズな感覚は、ギスギスした時代には、なんとも言えない心地よさがある。これだったら髭も剃らないでいいし、頭もボサボサで、パンツやシャツもダブダブのほうがさまになる。

別にその手の若者でなくても、今まで人が決めたヒエラルキーの階段を上を向いて登り続けてきたが、そろそろそんなことは止めたいと、思う人が増えてきている。たまには枠から外れて、気の赴くまま、勝手気ままに生きてみたい。しかしそれができずにいるわけで、このクルマに替えたら、それを後押ししてくれるような気がする。

まさにこのクルマは日々のストレスをワイルドな方向に開放し、「赤ちゃんの甘え」を満足させてくれる一台なのだ。

第3章

いいクルマの三大法則

Renault 4CV 1946

3-1　客に媚びず、作り手の意思が見えること

いいクルマの条件に、「作り手の意思が見える」という項目を挙げなければならないこと自体が問題だが、これに近い質問を、株式会社アクシスの佐々木弥市氏から受けたことがある。「日本車はどういうクルマにしたいのかが判らないのです。それは最初からコンセプトがなかったのか、あるいはコンセプトがあったがそれがずれていたのか、いずれにしても開発者が何を訴求しているのか判らない」と厳しく言われた。

そう思うのは当然であろう。そこにはふたつの理由がある。一番目は開発システムの中に、作り手の意思を入れるプロセスが組み込まれていないからである。そういうと多くの開発者から反論が出るだろうが、二番目に掲げる「企業文化が希薄」であるという理由と絡み、コンセプトを立てても基本となる文化が希薄であるから、頑張ったつもりでも希薄なコンセプトにしか成りえないというのが現状だ。

その希薄なものの決定は、市場の声を反映するという理論に基づき、ターゲットユーザーに近い人々を数十人、多いときには1000人も集め、彼らの評価を基に行なう。多くの意見を集めるのは集計時に偏りが起きないためだが、クリニックはコンセプトに始まり、スタイリング、シート生地やフロアマットの材質に至るまでをも、彼らの意見を参考に決めるの

が通例である。それを日米欧の3ヵ所で行なう。

スポーツカーの場合は、スペシャリティカーやスポーツカーに興味のある人々を集めるが、多数決で決めるため、そこにエンスージアストがいても、その声は反映されない。たとえば、アメリカでクリニックを行なうと、誰もがシート生地にモケットを選び、フロアマットではシャギーの毛足の長いものに評価が集まる。それを鵜呑みにすると、目利きの客からは笑われてしまう。なぜならモケットもシャギーもラクシュリーであるからだ。誤解を恐れずに言うならば、「クリニックは素人が素人の意見を聞く場である」から、スポーツカーに反映させると必ず失敗する。

クリニックの結果を重視するのは、もしプロジェクトが失敗でもしたら、数百億円以上もの損失を被《こうむ》るためだからだ。では失敗したら誰の責任かというと、当然クリニックに集まった人々を責めることもできず、責任は誰にも掛からない。

そうはいっても開発者は、少しでもお客に喜んでもらい、売れるクルマを作ろうと、競合車と比較しながら知恵を絞りアイデアを出し合う。その開発中によく出る言葉のひとつに「日本人のもてなしの心」を具現化しようというものがある。事実、日本車は至れり尽くせりなんでもやってくれることが親切で、それが良いことであると捉えられている。余計なお節介《せっかい》のクルマになりやすいのはそこに理由がある。

「もてなしの心」は本当に日本の美なのであろうか。日本の美は余計なものを削ぎ落とした「マイナスの美」と言われ、最後に残った簡素なものに美しさを秘めているものではなかろうか。シンプルだからこそ使い手が考え、それぞれの使い方をするわけで、至れり尽くせりが日本車の良さというのは大間違いだと私は思う。

開発の当事者はむろんのこと、企業のトップも客に媚びたクルマを作っているとは思っていないが、この市場の声を取り入れるという開発プロセスそのものが、無意識のうちに媚びたクルマを作り出しているとは言えよう。日本は家電からクルマ、教育まで至れり尽くせりだが、それが本当に良いことであろうか。

「作り手の意思が見えない」二番目の理由は、先にも挙げたように、企業文化が希薄だということである。企業風土や文化というのは、当事者はなかなか自覚しがたく、それに染まってしまうもので、主査や開発チームは、作り手の意思を明確にして想いを注ぎ込んだつもりでも、井の中の蛙的に見えるのもまた事実である。

いかに優秀なチームでも、モノ作りはチームワークやリーダーの力量で決まるものではなく、その企業が持つ総合的なエネルギーで決まる。

ひとつチームワークの事例を紹介しよう。

それはRX‐7（FC3S）のジャーナリスト試乗会の前日のことである。私は帰宅する前に、送り出す直前の試乗車をチェックした。試乗車といってもまだ試作車の段階で、チェックしてみると、人様に乗せるような状態ではなかった。さっそく、私のアシストである前田 保を呼び出し、修正箇所をメモした紙を渡し、「こんなもので、どうするんだ！」とどやしつけ、ブツブツいいながら午後9時ごろ帰宅した。

いつものように風呂に入り、ビールを飲んで食事をし、布団に入ったが、やはり気になって、翌朝は早めに出勤した。すると、そこには試乗車の7台が綺麗に並べられ、なんとワックスまで掛けてあったのだ。横には前田と実研部のメンバーが立っていた。

その中のひとりが、「実は夕べ、タモツさんから家に電話があって、今からまた出てこい！っていわれたんですよ。家に帰って、やっとひと息ついたところだったのに……。で、会社に行くと、すでに何人かが集まっていて、会社に残っていた人には、タモツさんが奥さんに電話を入れて、今晩、亭主を貸してほしいと言ったんです。彼は皆に立花さんのメモを渡して、明日の朝までに全部やれといって……。こっちも、それならば、っていうんで、今、やっとできあがったところです」と興奮ぎみに口を開いた。

すると横にいたもうひとりが、「でもタモツさんは、いいところがあってね。夜中に自分の奥さんに電話を入れて、8人分の夜食を朝の3時に守衛所まで持ってこさせたんですよ。

いや、そのムスビが旨かったこと……。ねー、タモっちゃん！」と、笑いながら言う。

その後、彼らは帰ることもなく、そのまま仕事について定時に帰宅した。各担当実研の課長は、ＲＸ－７はビッグ・プロジェクトであるから、こうした優秀なメンバーを選出してくれていたが、彼らのこういった情熱がクルマを活き活きさせていたように思う。

特にアシスタントの前田 保と、栗栖義典のふたりは、「たとえ立花さんの言うことが間違っていても、火の中、水の中でもやります」という男たちだった。

この抜群のチームワークは、このＲＸ－７（85年）だけでなく、初代ＦＦファミリア（80年）、初代ＦＦカペラ（82年）、ユーノス・ロードスター（89年）のときもまったく同様に発揮され、私はそうした素晴らしいメンバーに恵まれた。しかし、どんなに抜きんでたチームワークでも、結局は企業の文化やその時の企業エネルギーの中でしか発揮できず、結果としてそれ以上のモノにはならないのだ。

モノは作り手の「器」に比例するが、クルマとなると企業の「器」に比例する。だからトップは目利きでなければならない。ところがそれを放棄した経営者の多くが、「このクルマは若手の感性を大切にして――」と、もっともらしい理由を見つけて、まだ「器」も育っていない若手に振ってしまう。

では使い手は、作り手の意思をどのようにしたら見分けることができるのだろうか。それは骨董を見分けるのと同様に、その人の眼力にかかっている。そう言うと、それなりの眼力を養わなければ駄目だということになるが、それほど大げさなことでもない。一例を挙げるならば、輸入車に一度乗ると日本車をつまらなく思う人が多いということでもわかるように、そうした判断が自然になされているからだ。

3-2 クルマには「子宮的快楽」、バイクには「野獣的快楽」があること

「春は医者いらず」という諺がある。新芽の出るころは人も元気になるということだ。また、女は「恋をすると美しくなる」と言われ、女は男に磨かれて綺麗になる。それがどういうものかは別にして、女性は変身したかのように美しくなる。さて私の場合は、「バイクのことは記憶するが、英会話は何年やっても覚えられない」である。

つまり、こういうことなのだ。細胞が活性化する春には病気にも掛かりにくく、恋愛も細

胞が活性化するため肌は綺麗になる。脳の細胞も好きでやったことは深く記憶するが、渋々やった勉強は細胞が萎縮するため、私の英会話は何年やろうが頭に残らないのである。

クルマも同様で、いいクルマには人を感動させ、細胞を活性化させる力がある。私は多くのモーターサイクルとクルマを乗り継いできたが、細胞が活性化したモノと、そうでないモノがはっきりしている。

細胞が活性化したバイクとクルマを見ると、パーソナルな移動の手段としてはどちらもたいした差はないが、「楽しさ」「快楽」という面では、まったく別の側面があることがわかった。それはいいバイクには「野獣的快楽」があり、いいクルマには「子宮的快楽」があるということである。

いいバイクには、大自然に身をさらし大地を駆け抜ける「野獣的な快楽」がある。特にオフロードでは、肉食動物が獲物を追うかのごとく全身の筋肉が反応し、マシーンにも人間にも強靭なバネが求められる。闘争心が剥き出しになるモトクロスやエンデューロは、まさに「野獣的な快楽」そのものだ。

いっぽう、オンロード・サーキットでは、後輪の内側に荷重をかけてスロットルを開け、わずかに空転させながら、最大トラクションを引きだす。集中力と研ぎ澄まされた感覚が求められ、これがタイムを刻むのだ。いいバイクには「野獣的快楽」に火を点け、身体に潜む動物的な神経が全身の血を沸き立たせる力がある。

高性能車には二輪、四輪を問わず、素人を寄せつけない凛々しさと野獣性が必要で、モノのほうが毅然とし、素人を「10年早い、出直して来い」と突き放すくらいの態度が必要である。

ではクルマの快楽とは何だろうか。バイクとは逆に、自然から、あるいは社会から閉ざされた空間に身を置き、ガラス越しに変化する外界を見ることがクルマの快楽と言えよう。ということは、いいクルマには人を包み込む「子宮的快楽」があるということだ。

この子宮的快楽には、前述のシトロエンのように人をおおらかにする快楽、ベントレーやロールスのように気品と安らぎで包む快楽、あるいはフェラーリのように華やいだ快楽など種々の方向がある。アメリカ車も50~60年代に代表されるように独特のおおらかさがある。それは1800年代にフランスで起きたアンピール様式に通ずる装飾的豪華さで、走りのほうもこの雰囲気と調和し、ゆったりとした穏やかなリズムを持つ。

その一方で英国車には、クイーン・アン様式の家具にも見られるように、実質的でなじみやすく、しかも気品に満ちた良さがある。セダンをサルーンと呼ぶように、上質な寛ぎの世界が作りこまれている。この裕福だが、つつましやかな寛ぎの空間が英国車の贅沢なのだ。

イギリス人の家に行くと、室内はこぢんまりとし、そこには暖かく豊かさを感じるように木と革が巧みに使われ独特の和みを感じる。それは天候がそうさせているというが、事実どんよりとした日々が多く、特に冬は暗く寒い灰色の世界が続く。そのため前述のようなインテリアになったと言われている。

面白いことに、彼らはそういった豊かなインテリアを、そのままクルマのシャシーに載せようとしたのである。セダンをサルーンと呼ぶのは、サルーンが客船の高級客室や展望食堂、酒場という人間的な温もりのある寛ぎの部屋を意味しているように、それが彼らのクルマ観だからなのだ。

そのような背景があって、英国車は「枯れた腹八分の世界」という他とは違う快楽の世界を創り出すことができたのであろう。最近はドイツ車もアメリカ車も日本車も、当たり前のように高級車に木目と革を使うが、それによって醸し出される空気は別もので、長い歴史に育まれてきた英国車のそれにはかなわない。

英国に行って感じるのは、新しいことを追い求めるのではなく、なんの変哲もない穏やかな暮らしの繰り返しがあり、それがこういった文化を創り出しているということだ。彼らにとっては無意識の行動なのであろうが、その生活の繰り返しが歴史を作り、子宮的快楽を創りだしているように思える。

3-3 子宮的快楽には音楽的なリズムと、アパレル的な楽しさがある

この子宮的快楽には、「音楽的」なリズムを奏でるものと、「アパレル」のように装う楽しみを得るもののふたつがある。このふたつを上手く調教してあるのが名車である。

クルマは、さまざまな周波数の音や振動を発しており、そのままでは制御の利かない壊れたスピーカーだが、優れた調教師の手に掛かると、振動や音を消すだけでなく、心地よいリズムに変貌を遂げる。まずはクルマの「音楽的なリズム」について話をしよう。

手前味噌になるが、初代のユーノス・ロードスターは、ステアリングを切ってヨーが発生するリズムにも、路面からシートを伝わって入るリズムにも、加速時にスロットルを開けてシフトアップするリズムにも、エンジンのレスポンスにも、その時の抜けたような排気音にも、すべてが軽快でアップテンポなリズムがある。この調教されたリズムが気持ちよく、ついついステアリングホイールを握ると遠回りしてしまうのだが、このクルマには人をウキウキさせる力が備わっていたと自負している。

50年代のヒーレー・スプライトにも似たところがあり、まるでスポーツウェアに手を通し、ランニングシューズを履いたかのように、身体が軽くなり気持ちもウキウキする。

いっぽう、メルセデスの５００Ｓは、Ｖ８のエンジンといい、タイアがしっかり路面を捉えるフィールといい、どっしり落ち着き払い、何があっても動じない、人を安心させるリズムを持っている。

ＢＭＷは、あのシルキースムーズと呼ばれるストレート・シックスのビートといい、荷重移動させやすいサスペンションといい、ドライバーのスポーツ心を掻き立てるワルツのようなテンポに調教されている。

シトロエンは、前述の如く、長いホイールベースとハイドロニューマチック・サスペンション、それにたっぷりしたシートに深々と座った時のリズムが気持ちよく、あの間延びしたテンポに嵌まると抜けられない人が多い。

今の時代は、なぜかスローなクルマが気持ちよく、たまにアメリカ車に乗ると、あの大雑把でダルなリズムがいいなと思う。放っておいても、いやボディが腐っても、いつも同じように走ってくれる。このダルな感覚が今の時代にあっているようだ。

このように、名車には気持ちの良いリズムが備わっている。その名車を造り出す裏には優れた調教師がいて、彼らがダイナミックなリズムをちょっと調教するだけで駿馬になり、えも言われぬ気持ちよさが身体に加わるのだ。

ところが最近は駿馬の意味を勘違いしている開発者が多く、こんなことがあった。40歳過ぎの普通の家族が普通のファミリーカーを買ったが、17インチタイアが標準で、乗ってみると、サスペンションがガチガチに固められていた。またエンジンは鈍感でATもルーズなのに、ステアリングは高速道路ではうっかり後席の人と話ができないほど過敏なのだ。その後席に座った知人は、乗り心地があまりに硬いといって、シートの上にクッションを敷いていた。それを主査に告げたが、彼は得意気に「スポーツ路線を継承し、18インチも設定しました」と胸を張っていた。

シャシーの担当者なら、タイアの総合性能は60〜65％の扁平率が最も良いことぐらい承知のはずだが、営業政策に振り回され、技術屋の良心もないクルマが作られているのが現状だ。私見を言わせてもらうと、理にかなっていないものは、すぐに廃《すた》れるわけで、扁平タイアは近いうちに格好悪く見える時代が来るであろう。

各社は自社のアイデンティティを打ち出そうと、過去の栄光の延長線上にあることを誇らしく語ろうとする。過去の栄光というのはレースの戦績であるから、当然スポーツ路線をアピールする。いや、過去の栄光がなくても、スポーツ路線が誰にでも判りやすい自己表現であるから、むやみにサスペンションを固めて大径タイアを履かせるわけだ。

人が心地よく感じるフィールは、クルマができた１００年前も、今も、いや１００年後も変わらないはずである。にもかかわらずクルマは無機質な方向に向かい、ガチガチなクルマがはびこっている。スポーティとは、人を心地よくさせることで、性能や物理量の高さではない。今の時代、人は、優等生で偏差値の高いクルマより、心の豊かさを感じる文化に金を払うのである。

続けて「アパレル的要素」について話をしよう。

アパレルはだいぶ昔に成熟期を迎え、繊維に人工ものが加わっただけで、数百年間なにも変わらず、形が細くなったり、太くなったりを繰り返している。しかし、その裏では人の心を掴む苦闘があるわけで、そういった活動が人々の心に触れ、アパレルは人の気持ちを操る力を持っている。そこが無機質の「白モノ家電」との違いである。

仕立ての良いツイードのジャケットに手を通すと、知らぬうちに身のこなし方までが上品になる。年に一度の正月に和服を出し、帯を締めたりすると、自然に背筋が伸び気持ちまでが引き締まる。昔から気分が滅入った時には赤を着ると元気になると言われるほど、人の心は着るモノに影響される。

クルマでもアパレル的要素を備えているものがいくつかある。乗るクルマによって運転が上品になったり、背筋が伸びたり、あるいは荒くなったりすることがあるが、それはまさにアパレル的要素がクルマにはあることを証明している。

60年代のローバー2000TCというクルマは、非力だったが、街の雑踏の中でパワーウィンドーを閉めた瞬間に「いいなー」と感じた。ガラスの滑らかな動きとともに、雑踏がスーッと消えるからだ。

物理的な音圧で見れば、日本車のほうがはるかに静かだが、ローバーというクルマは厚手のガラスで雑踏を遮断しているだけでなく、パワーウィンドーの滑らかな動きや、ドアトリムまで含めた佇まいが贅沢な気持ちにさせてくれる。特にインテリアの設《しつら》えは、ジャガーとは違い気品があり、控えめで質素である。それはあたかも高級なツイードのジャケットを羽織っているかのようで、横に乗る女性まで淑女のように見えてしまう。ローバーがスモール・ロールスと呼ばれる所以はここにあるのだろう。

フェラーリは、説明するまでもなく、あのスタイリングとフェラーリ・サウンドだけで、人を非日常の晴れの世界に引きずりこみ、陶酔させてしまう。もう何年も前になるが、308が発表されて間もない頃、GTBをフランクフルトで借り、アウトバーンを飛ばしニュルブルクリングまで走りにいった時のことだ。

キーを持ったまま、フェラーリの晴れの世界に入りきれず、クルマの周りをグルグル回り、ようやく乗り込んでもあたりを見回したり、ペダルを踏んだり、シフトレバーの感触を確認したりを繰り返し、ひとり感激に耽りなかなか走り出せなかった。そしていざ走り出してみたら、一瞬にしてあの官能的なサウンドに陶酔してしまった。ところがクオーォンという吸気と排気音が織りなす官能の世界も2時間が限界で、それ以上は耳鳴りがして走れなかった。

クルマというのは、スタイリングはもちろんのこと、エンジンの鼓動やハンドリング、ブレーキ、さらにはコンビネーション・スイッチのフィールに至るまで、すべてを同じ方向の感覚へ向けると、性能や機能とは関係なく気持ちがいい。この気持ちよさには、音楽でいうならロックからスローバラードまで、アパレル的に言い表すなら、ジョギングウェアからツイードのジャケット、そして正月の和服まであると言えそうだ。

日本車が無機質なのは、そういった「子宮的快楽」や調教によって「音楽的なリズム」を奏でるということすら知らずに、各部門が行なった結果を主査がホチキス業務的に束ね、それにトップを含めた誰もが疑問を抱かないからであろう。だから味も素っ気もないクルマになってしまう。

名車と呼ばれるクルマにどこか人間的な温もりを感じるのは、この「音楽的なリズム」と「アパレル的な要素」があるからである。この要素のあるクルマに接すると、人は自然に「心を開放」するように思う。

3-4　シートが子宮的快楽を作る

シートは子宮的快楽の大切な要素であるため、あらためて話をしよう。

名車と呼ばれるものはシートにもその特徴があり、構造も座り心地もクルマによって違うが、それぞれの良さがある。VWやレカロのシートは、密度の高いウレタンを使い、ランバーやサイ・サポートを含めた姿勢角を重視している。そのためやや硬めだが、ウレタンの減衰の良さと、姿勢が崩れない形状のため疲れにくい。同じ疲れにくさを訴求するのでも、メルセデスはバネを主体として、たっぷりしたクッション・ストロークと座面の広さによって達成している。

シトロエンのDSは、ソファのように軟らかいウレタンと、ジャージ・ベロアという生地を組み合わせていた。ジャージというのは運動着に使う例のジャージだから、よく伸びて身体を柔らかく包みこんでくれる。しかし、ジャージは古くなるとボロ雑巾のようになってしまう欠点があった。

高級なシートというと革張りを思い浮かべるが、本来、革というのはビニールができるまでの時代に丈夫で長持ちするから使われていたもので、当時は運転席に使い、後席にはベルベットのように肌触りのよい生地が用いられていた。事実、革シートはよくなめしても収縮性が悪いため、ウレタンとフィットしにくくゴワゴワした感じが残る。そのためかフランス車には革のクルマが少ない。

「日本車のシートはイマイチだね！　欧州車には敵わないよ。日本は畳に座布団だから歴史が違うんだよ」という声を耳にする。一方では、事務用の椅子の例を出し、クルマのシートはかくあるべきと論ずる先生もおられる。

ＮＨＫ　ＴＶが以前、頭の上に水の入った容器を置き、長時間安定して水がこぼれないのはどの姿勢かという実験を行なった。ひとり目は立姿勢で、ふたり目は正座である。三人目はあぐらをかき、最後の人は椅子に座って、全員が頭の上に水を置いている。

すると予想をくつがえし、あぐらの人が最初に水をこぼし、次が椅子の人だった。立姿勢も正座の人も安定し、水をこぼさなかった。これは脊髄が正しくS字型に湾曲して、重心の位置を保つことができるからだという。

次に身体のサイズの説明があった。両手を広げた寸法は身長と同寸であり、手のひらの長さの10倍も、足のひらの6倍も身長なのだという。

こういったことを基に椅子の座面高を考えると、適正な座面高は身長を4で割って靴のヒール高を加えたものだという。私の場合は身長が１７０cmだから4で割って3を加えると45・5cmとなり、これが人間工学的には疲れない座面高となる。脊髄をサポートするには、ヘソの裏を押せばよく、また太股《ふともも》とシートの隙はハンカチ1枚がゆっくり抜ける程度が望ましいという。

次に、机の高さは、座高を3で割り、それに椅子の座面高を加えたものだという。すると私の場合は、座高の88㎝を3で割り、先ほどの45・5を加えた74・8㎝が適正な机の高さということになる。そして肘を机に降ろしたその角度は直角が望ましいらしい。

さっそく、この原稿を書いている机と椅子をこの高さに合せるとなかなか快適で、原稿もはかどるように思えた。

ところがクルマのシートとなると、こうはいかない。

クルマは上下、左右、前後に揺られるため、シートは身体を動かないようにサポートし、しかも路面からの振動を吸収しなければならない。またステアリングホイールを持ったまま同じ姿勢を強いられるため、それでも疲れてはならず、さらに狭いところで乗り降りし、さまざまな操作をするための動きやすさが必要だ。これが事務用椅子との違いである。

ではこの差異を順番に説明しよう。たとえば事務椅子をそのまま使うと、ブレーキを踏んだだけで身体が前に飛び出してしまう。そのためクッションに座面角を付け、太股をサポートし前ずれを防止する。これをサイ・アングル、サイ・サポートと呼んでいる。この角度はヒップポイントと密接な関係があり、RX‐7のようにヒップポイント高が15㎝しかないと座面角を25度も付ける。トラックのように35㎝もあるものは座面角を12度ぐらいにし、いずれも太股に負担を与えず、前後Gをサポートする。

次に上下振動の吸収だが、ここには種々のノウハウがあり、4通りの方法がある。ウレタンだけで吸収するもの、コイルバネを使ったもの、中にネットを張ったものもあるが、今やS字型のバネが最も多い。

同じ姿勢でも疲れないようにするのは難しく、均等な圧力分布が得られる形状にしなければならない。人間は寝ていても寝返りを打つように、長時間同じ姿勢でいると、圧迫した部分の血行が悪化し、部分的に酸欠状態となり筋肉疲労を起こす。そのため寝返りを打って血液の循環を良くしているわけだが、寝返りのできないクルマでは、形状だけで寝返り効果を出さなければならないから難しい。こうしてみると事務椅子とは根本的に求められるものが違うことがわかるであろう。

ところでいいクルマに乗ると、前席と後席で性能に違いがあることにお気づきだろうか。後席の人は運転者と違いリラックスしており、たとえばエアコンの温度設定でも、後席は運転席より2〜3℃高いほうが心地よい。運転手は緊張を強いられているため、体温が上昇しており、知らずのうちに低めの温度に設定しがちだからだ。

トルソー角も前席より3〜5度傾け、シートバックは肩まで覆うようにし、ウレタンの硬度も下げ、包み込むような安心感を作り出している。またヒップポイントを前席より30〜60mmぐらい高くする。それは、前方の視界を良くしクルマ酔いしにくくするためと、前席の人の顔を見て会話をしやすくするためだ。実際には後部衝突から燃料タンクを守るため、後席の下に置くようになった事情もあるのだが。

また、運転手付きのショファードリブンは、別の理由で後席のヒップポイントを高くしている。それは後席の人のほうが位が高いため、前席より頭の位置が高くなければならないからである。そのうえ英国ではシルクハットを被ったままであるから、おのずと高級車の車高は高くなる。さらに、Cピラーを太くし外部から顔が見えないようにする必要もある。レストランに行くと壁際の席から埋まっていくのと同じ理由で、壁があると身を守りやすく安心するからだ。

さて、良いシートの条件は何かと聞かれれば、次の三つを挙げることができる。

まず、姿勢角が良いこと。これはヘソの裏をランバーで押し、脊髄を伸ばして太股をサポートしてくれるということである。

以前、シートの座り方を調査したところ、一般ドライバーのトルソー角は26度と、かなり寝かせたもので、なかには空を見ながら運転するような人もいた。ドイツ人の平均は22度で、レース経験者は19度と、身体を起している。これはステアリングホイールが胸に近いと、瞬時の対応ができるからだ。試しに2ノッチ（4度）リクライニングを起こすと、姿勢角が良くなり、機敏に対応できるようになるので、試してみてはいかがだろうか。

二番目は、路面の刺激をクッションが上手く吸収できているかである。チェックの方法は、走行中、左足をフロアに垂直に立て、足裏に入る路面刺激と尻に入る刺激を比較するというもので、これにより吸収の度合いがわかる。

三番目は、長時間乗っても疲れないことである。これは別に長時間乗らなくても、当たりの強いところがあると、間違いなくそこから疲れをもよおし、足がだるくなる。

日本は欧米に較べ移動距離が短く、またスペックを重視し、革張りやパワーシートを求めるため、中身を手抜きしてコストダウンしても短時間ではわかりにくい。そうはいいながら輸出車も同じシートだから、やはりコスト重視であることに変わりないのだが。ではコストを掛ければ優秀なシートになるかというと、そうとも言えない。それはどういった「子宮的快楽」で人を包み込むかという哲学がないまま、シートを作っても人に快楽を与えることはできないからである。

3-5　理にかなった文法があること

以前、デザイン界の巨匠であるマルチェロ・ガンディーニ氏にお会いした時に、彼は「古い石を知らなければ新しい石を積んでも崩れてしまう」という名言を吐かれた。

それは私が日本車のデザインについて尋ねた時のことだが、彼はこう言った。

「クルマというのは石垣を積むのと同じで、古い石の置き方を知らずに、新しい石を積んでも崩れてしまいます。今は過去の上にあり、歴史や文化の上にあるのです。若いデザイナーは、先人たちの積んだ石を勉強するべきです。また日本人は周りの眼を気にしすぎています。上司のこと、マーケットの動向、自分が人にどう見られているかに神経を使い、それがデザインに表れています。まずは自分の生き方、生活観をしっかり持つことです」

この「古い石を知る」ということは「クルマの文法」を知るということで、文法とは作り手と使い手の間で長年培われたものが多く、特にスポーツカーには、非日常の世界を垣間見る儀式にも似たものがある。

スポーツカーの小さなドアの例えとして、茶室のにじり戸もそのひとつだが、神社や寺に行くと門をくぐるだけで、日常の世界から解き放たれた気持ちになるということが挙げられる。階段を数段登って門をくぐり、また降りて元の高さに戻るが、わずかそれだけで邪念が取り払われたかのように感じる。

スポーツカーも体を丸めるようにして小さなドアから入るのは、日常から解き放たれて、非日常に入るためである。それだけでなくドアキーの位置が低いというだけで、背の低いスポーツカーに乗るんだという喜びを感じさせてくれる。さらにこの腰を曲げた姿勢は、次のシートに座る準備の姿勢でもある。

それ以外にもドアのインナーハンドルを手前に設けると、使い勝手は悪くなるが、身体をひねってドアを開けようとする。すると身体が後を向き、自然に後方を確認してドアを開けることになる。これが今でいうUD（ユニバーサルデザイン）で、人の行動原理に基づいたモノ作りである。

そうはいってもドアの開口部が狭いのは、実際には車体剛性を高めるためであり、それ以外にも蓋モノといわれるボンネットやトランクリッドを小さくするのは車体剛性からの必然性である。しかしそういった考え方がスポーツカーの精神を創り出したとも言える。

スターターボタンも昔はイグニションの火花が弱かったため、ユーザーは祈る気持ちでスターターを回しながらキーをONにし、プラグに強い電流が流れるようにしていた。つまり独立したスターターボタンは非日常へといざなうひとつの文法である。しかし今のようにエンジンがかかるのが当たり前の時代に、集約された三つの機能を分離させるのはかえって奇異に映るかもしれない。

インテリアにも多くの文法がある。たとえばロードスター（2シーター・オープン）の革シートは、着座面のみ本革を使い、シートバックの裏面はビニールにするのが文法である。当然ドアトリムもビニールを使う。それは降りた後に突然のスコールで濡れたり、日照りで暑くなったりしないようにシートバックを前へ倒し、その裏で保護する慣わしがあるからだ。それを知らず「このクルマは全部本革を使っています」などと言うと、目利きからは「スポーツカーを知りませんねー」と笑われてしまう。

木目の使い方にも決まりがあり、たとえばドアから始まり途中でブツ切りにした木目は不自然であるし、木ではできそうもない形状だったりすると、やはり「クルマを知りませんねー」と言われてしまう。

そもそも木目というのはボディが木骨だった時代の名残で、シャシーの上に木で骨を組み、そこに鉄板やアルミ板を張っていた。特にインパネ部には高級な木材を奢り、そこにメーターを嵌めこんでいた。モーガンは今でも木骨だが、MGはTDやTFはもちろんのこと、Aもスカットル部分は木骨を組んでいた。

ボディがモノコックに変わると、この木目は化粧板として使われるようになったが、だからといって、先ほどのように使うと目利きからは笑われてしまう。

ボディカラーとインテリアカラーの組み合わせにも文法がある。私の好きなもののひとつに、淡いグリーンの内装色と、それよりやや濃いグリーンの外板色の組み合わせがある。これは低グレードのオースティンから、最高級のロールスにまで使われているが、実に素晴らしい。

それ以外にもいくつかの組み合わせがあり、内装が赤ならボディはグレーか白を使い、淡いビスケットカラーならモスグリーンの外板色を使う。その時のシートにはグリーンのパイピングが入る。このパイピングの色はボディ色と決まっていて、それを誤ると色を塗り替えた中古車に見えてしまう。

最近はこういった色の組み合わせが、ボルボやBMW、メルセデスにも使われ、一般的になりつつある。新しい色の提案はいつの時代も必要だが、それは文法を知ったうえのことであろう。

これ以外にも四駆には四駆の文法がある。たとえばホイールアーチが台形の形をしているのは、そこに丸太を差し込んで、スタックから脱出するためなのだ。またホイールの形状にも決まりがあり、断面をテーパーにして悪路で付いた泥が、走ることによって自然に取れる形状でなければならない。ラジエターグリルの開口部やファンの位置にも決まりがある。それは水場に入った際に開口部が低いと、水をくみ上げ、次にファンでエンジンルームに撒き散らし、自滅してしまうからだ。

もう30年も前のことだが、J30というウィリスのパネルバンに乗っていたことがあり、仲間と四駆を連ねて路なき路を走っては面白い発見をいくつもした。

第二次大戦に使われたJ3は、機能重視に作られているためどこでも走れると思っていたが、実はフロントが重く、頭を溝に突っ込んだりと意外に走破性が低かった。丈夫そうに見えるリーフスプリングもフリクションが大きいため、雪道のような低ミュウ路でも悪路でも走破性が低く、何回もスタックをするのである。

悪路を抜けて高速道路に入ると、そこでまた何台かのクルマが走れなくなった。原因はホイールの裏に付いた泥がタイアのバランスを崩し、シミーが発生してしまったからだ。テーパーコーンのホイールは自然に泥が落ちるが、そうでないと泥だらけのクルマの下にもぐって泥掃除をしなければならず、そのクルマだけが置いていかれる。

私のJ30はリアのオーバーハングが長いため、土手などを登ろうとすると尻が路面に引っ掛かり、おまけに市販の幅広ホイールを履かせていたため、ホイールの泥落しにも時間を費やし、メンバーに迷惑を掛けてしまった。

このようにクルマというのは、長い歴史の中で、作り手と使い手によって培われてきた「文法」の上に成り立っているため、それを知らず、新しい石を積むとその石だけが落ちてしまう。

ユーノス・ロードスターが成功したのは、この「文法」を忠実に守ったからだとも言える。このクルマの開発は市場調査など一切行なわず、クルマ好きのわずか数人の活動がきっかけでプロジェクトがスタートした。

最初はオフラインといって正規の開発ラインから離れた別のチームを作り、そこでコンセプトを練り、レイアウトもクルマの「文法」に沿って検討を進めた。しかし、実際には紆余曲折があり、設備投資の少ない前輪駆動と、そのユニットを中央に積んだミドシップ、そして本命であるＦＲの３タイプのモデルまで作った。

いうまでもなく本命は、エンジンを可能な限り後方に積んだＲＷＤとし、適正なホイールプリントを配し、剛性の高いサスペンションを奢って、あとは徹底した軽量化を図り、軽いことの楽しさを追求した。その結果、ドアトリムはペラペラなビニール一枚で、カップホルダーもなかったが、このシンプルさが人々の心を捉えたのだ。

それはちょうどバブルが始まる89年で、人々がより豪華で高価なモノを良しとしていた絶頂期であった。そこに１００万円台のちっぽけなクルマが現れたが、人々の心を開放する魅力があったのだ。市場調査など行なわなくても、作り手がユーザーのマインドを超し、忠実に文法を守れば、素朴な1・6ℓのエンジンでも安物に見えるどころか、逆に多くの人々に共感を与えることができたのである。

ではこの「文法」をどうやって知るかというと、なにも難しいことはない。教科書も先生もいないが、「古い石」という手本があるわけで、それを勉強すればよいのだ。

第4章

モノ作りに物申す

4-1 モノを作る国として成長してきた日本

日本の復興は世界的に大成功を収めたと言われるだけのことはあり、戦後のどん底からわずか50年で、日本のモノは次々に世界のトップになった。

戦後の混乱の中で最初に復興したのは「食」である。戦争直後は食べるものがなく、我家も麦と芋の葉が入った雑炊がご馳走で、それすらも満足に口にできないひもじい生活が続いた。

しかし、それからわずか50年で、日本はいつでも世界の高級料理を食せるほど、味も種類も世界のトップになった。我々は当たり前のように、「今日はイタリアンにしようか、フレンチにしようか、それとも中華がいいかなぁー」と好きな料理を選べるが、そんなことができるのは日本だけで、こんな国は他にない。

「食」の次は「衣」である。戦後の子供は鼻を垂らし、穴の開いたセーターを繕い、ズボンの膝《ひざ》には穴が開いていた。それが今や若者のファッションは世界の最先端を行き、ズボンに穴を開けるのが格好よく、ブランド品で身を固めている。パリやミラノの女の子は格好いいが、ブランド品を身につけるほどではない。

「食」「衣」の次は「家電」と「クルマ」である。つい先日までカラーテレビにクーラー、そしてクルマが三種の神器といわれ、贅沢の象徴であった。しかしその三種の神器が、今では世界トップの普及率になった。どの家庭も最新型の家電に囲まれ、新製品が出ると、またそれが欲しくなる。いっぽう、若者はオプションで固めたピカピカの新車を乗り回している。世界広しといえども若者がバリバリの新車で幅を利かせているのは日本だけである。

「食」「衣」「家電」「クルマ」は、この50年で世界のトップに君臨した。次の時代は「家具」「家」となり、生活に潤いを感じさせる調度品や器に興味を持ち、家もそのようなものに変わるであろう。

そして「家具」「家」の次は、自分たちが住む「地域」いわゆる公共に注意が払われるものと思う。そう考えると、残念だが日本はまだ成熟社会ではなく、まだ戦後の復興期の中間地点にいるのかも知れない。

この世界的に大成功を収めた戦後の復興については、種々論議されているが、自分なりに整理をすると次の四つに集約できる。

（1）自動車産業を一次／二次の部品メーカーで支えるピラミッド型の産業構造とし、外国車には輸入規制を設け、国民車構想を打ち出した。ちなみにこのピラミッドは、ひとつで約１００万人を賄うほどの大きさがあり、これにより自動車産業が確立され、経済成長がもたらされた。

（2）第一次国土開発計画（1962年の池田内閣時）を立て、太平洋ベルト地帯と呼ばれる東京、横浜、名古屋、神戸、大阪の、港のある都市を中心に産業促進を図った。続けて田中内閣時の第二次国土開発計画、いわゆる列島改造論で、太平洋ベルト地帯への新幹線、高速道路整備を行ない、高度成長の基盤を作った。

（3）さらに日本の人口は、明治維新以降、年間100万人ずつ急激に増加したことが、経済を拡大した。それまで3000万人であった人口が一気に1億人になったのである。「市場経済」は単純に「人口」×「個人消費量」であり、それに比例して経済が発展した。

（4）その急増した人々は、真面目で、勤勉であり、高学歴で、さらに低賃金であったため、製品は高品質で低価格のものが可能になった。そして日本の商品は、ジャパン・バッシングが起こるほど売れまくった。

4-2　前途多難な日本丸

その結果、日本は経済大国になり、日本人のひとり当たり所得は93年以降G7でトップを維持し、日本人の所得は世界のトップクラスである。にもかかわらず、我々は金銭的に余裕があるとは思わず、誰もがまだ金が欲しいと思っている。それはなぜだろうか。

そのおかしな状況は、総務庁の『11ヵ国青年意識調査』でも明確に表れている。

この調査は1972年、77年、83年、そして94年に、日本、アメリカ、イギリス、ドイツ、フランス、スウェーデン、韓国、フィリピン、タイ、ブラジル、ロシアの11ヵ国で、18～24歳の各1000人の青年を対象に実施したものである。

まず「自国人であることに誇りを持っていますか」という質問に、日本人は「ハイ」が79%、「イイエ」が17%。誇りを持っている青年の割合はフィリピンの99%を筆頭にタイ、アメリカ、韓国と続き日本は11ヵ国中8番目である。「自国のために役立つなら自分の利益を犠牲にしてもよいか」となると「ハイ」はわずか11%で10位。タイでは自国のために自分の利益を犠牲にしてもいいと思う人は91%、フィリピン83%、韓国45%、アメリカでも37%となっていて各国間の差が大きい。さらに社会への満足度では「不満」「やや不満」を合わせて日本は54%にも達し、では不満解消のために「選挙権を行使する以上の積極的な行動を取らない」が50％と多く、その理由は「個人の力では及ばない」を挙げたのが68％で日本が1位である。

暮らし方についての質問で「経済的に豊かになる」を挙げたのは日本がもっとも多く28％で1位。次に「自分の好きなように暮らす」が56％と前回から10％も増加している。悩みや心配ごとでは日本の1位は「お金」、次が「仕事」で、「社会や政治」と答えたのはわずか5・5％で最下位だ。アメリカ、イギリス、ドイツ、フランス、スウェーデンなどの先進国が軒並み20％を超えているのとは対照的である。

日本人の若者は、腐るほどモノにあふれた生活をしていながら、発展途上にあるタイ、フィリピン、韓国を抑えてまだ金が欲しく、国や社会には関心を持たず、勝手に生きたいと統計的に出ている。

我々は世界トップクラスの所得を得て、世界一高学歴で、世界一旨いものを食べ、世界一ブランド品を身につけ、世界一長寿であるにもかかわらず、世界一心が貧しいのである。それはなぜだろうか。

それは「金に負けた」からである。我々は「豊かさ」イコール「金」としたため、金のヒエラルキーが社会を覆い、金持ちがエライという判断基準が出来上がってしまった。そのため人々は、金がある人もない人も、金のヒエラルキーをよじ登るようにブランド品を身につけ高級車を乗り回す。その姿は、あたかも「私は金に負けて、心は貧乏です」という看板を掲げているように映る。

このような状況だから、この世界一の大国が崩れだすのも時間の問題であると言えよう。なにごとも、モノを制するのに必要なのは、人の考え方という哲学であり、それは長年培われた器という心から生まれるからだ。

それはモノ作りに限ったことだけでなく、政治も経済も同様である。政府には眼を細くして遠くを眺め、日本の将来については考える人がいないのだろうか。眼を細くすると、手前のどうでもよいことは見えなくなり、将来の姿が見えてくる。

前述の如く、「市場経済」は「人口」×「個人消費量」で決まる。日本の市場経済が拡大したのは、人口が年間１００万人ずつ急増したからだが、すでに発表されているように、人口は06年から70万人ずつ減少する。いや、この04年の秋、人口がすでに減少したというニュースもある。一方で、「経済成長率」は「労働者数の増減率」×「生産性の上昇率」で決まり、生産性はほぼ一定であるから、労働者数の減少により、日本の経済成長率が急激に低下するのは明らかだ。

松谷明彦教授（政策研究大学院大学）の試算によると、経済成長率は主要先進国の中で最も低くなるのは確実で、２００９年からマイナス成長に転じ、２０３０年の実質国民所得は２０００年に較べてなんと15％も縮小するという。しかもそれに対応する手段がない。なぜなら、すでに存在する年齢構成の問題であるから、今から子供を作っても人工の谷間は回復できない。また外国人労働者の活用も解決策にはならない。現在最も外国人比率の高いドイツ並みに増えた場合の国民所得を試算しても、人口減少速度が大きいため日本経済は早晩、縮小に向かうことには変わりはないという。

いっぽう、ボストン大学のコトリコフ教授は、「世代会計」という長期的な財政負担の大きさを計算する手法を開発し、我々の世代が次の世代にどれだけの財政負担を残すかを調べた。これは米国の状況についてであるが、日本は米国より数倍のスピードで少子化が進むため破産状態になるという。これに加えて日本は世界最大規模である７００兆円の債務がある。膨大な借金の上に膨大な負担がかぶさり、日本丸の沈没は時間の問題であるようだ。

政府はどこを見て政策を決めているのであろうか。というのは、日本は１９５０年代初頭に大規模な「産児制限」を行ない、子供はふたり以上作らないように指導した。その結果、戦後のベビーブームが早期に終結し、人口構造は「団塊の世代」後に急激に減少した。米国のベビーブームが18年間も続き、緩やかに人口が推移したのとは対照的である。

この団塊の世代から集めた年金を湯水の如く使い、今になって支える人口が減少したからといって年金問題が露呈した。慌ててつじつまの合わない策を立て、国家百年の計と説明する姿は、言葉でいい表せないほど馬鹿げている。ここにも「とりあえず症候群」が表れ、政治家は「金に負けて、考える力を持っていません」という旗を掲げているように映る。物事はその場の断片的な判断でなく、眼を細くして長期的なスパンで見なければならない。

いずれにしても、人口の減少に伴う経済の低迷は食い止めることはできないのである。そのためには企業活動も財政／社会保障制度も、今までの拡大路線から、縮小経済に対応したシステムに切り替えるか、あるいは海外生産比率を高めて利益を還元するしか方法はないのかもしれない。

その傍ら、企業は固定費削減のため、従来の「正社員」型雇用から「非正社員」数を急激に増やしている。就業構造基本調査によると、92年の22％が、02年では32％に急上昇し、女性の場合は53％を超えている。そのため、それに伴う問題がすでに発生しているのだ。

つまり、彼らは人材派遣会社の社員であるから、同じ事務所のなかで階層化が起き、また彼らは指示のあった仕事を消化するだけである。そのため仕事のうえで柔軟性を失い、不測の事態にもろくなっている。それだけでなくモノ作りの要である「技術の伝承」がなされていないということが言える。

それにもまして、少子化によって減少する日本人は、かってのように真面目、勤勉、低賃金ではなく、また、本書のテーマのひとつでもある、「手に油して」育っていないため、行動力と創造性に乏しい。

我々の世代は戦後の好景気の華やいだ時代（50〜60年）を、〝アメ車〟に乗り、ジルバを踊って体験し、70年代の高度成長も、さらにはバブル景気など元気な日本を体験した。それは遊びだけでなく仕事のうえでも、いくつもの成功体験があった。ところが今の30歳半ば以降の世代は、バブルすら知らないのである。さらにその下になると、生まれてきたら世の中が暗かったという世代だから、歪みが起きるのは当然である。

4-3　日本人はアンドロイド化しつつある

そのようなこともあって、今の子供はエネルギーを存分に発散させていないように思う。我々の世代は、あり余った肉体的なエネルギーを、スポーツや喧嘩に、あるいは農家であれば農作業など家業を手伝いながら汗と共に発散させてきた。みんながガキ大将で木によじ登り、よその家の柿を盗んでは食べたりしていた。次に性的感覚が芽生え、異性に興味を持ち、性的エネルギーが捌《は》け口《ぐち》を求める。それもある程度発散させた。

ところが今の子供たちは、こういった時期に塾に通ったり、コンピューター・ゲームに明け暮れし、肉体的エネルギーを発散できない環境にある。そうこうするうちに、次の性的エネルギーが芽生えてくる。すると男として未熟なまま、身体だけが成長し、女の子を正面から捉えられなくなる。内向的な歪んだ形でしか異性を見ることができない。

男として未熟であるから、成熟した女性は苦手なわけで、40歳を超えた男が中学生のような子供に興味を抱き、援助交際に手を染めたりと、わけのわからぬことが起きている。その原因は若いときにエネルギーを存分に発散させていなかったためだろう。

子供のときは湧き出るエネルギーを何かにぶつけて発散させ、手に油してほしいのである。そういった自然の行動が男らしさを生む。最近、話題になっている男女差をなくす「ジェンダー教育」は、男らしさの阻害に、いや言い直すなら人間らしさの阻害にますます拍車を掛けている。

小中学生を対象とした「死」についてのある調査で、死んだ後はどうなるかという質問に対して、「生き返らない」が3分の1、「判らない」が3分の1、「生き返る」が同じく3分の1という結果が出た。彼らは死についてもまた、ゲームの中での殺傷的なイメージとして捉えているようだ。

実は先日、マウンテンバイクをトランスポーターに積んで、息子たちと幕張のオフロードコースを走りにいった際、そこでアクシデントがあった。我々の目の前で30歳半ばの男性がジャンプで大転倒し、腕の骨を折ったらしく、顔から血の気が引き、倒れたまま動けないでいたのだ。

すると、4~5歳の子供が「事件だ！　事件だ！」とはしゃぎ回った。救急車が来ると「格好いい！　本物だ！」、そして「お父さんが救急車に乗るのを見たい！」とまだはしゃいでいる。お父さんが苦しがっているのに、心配するどころか子供の頭の中はコンピューター・ゲームの出来事であるかのようだった。

冒頭で「本など読むな！　手に油しろ」と述べたが、子供は「外で遊んで怪我をしろ」と言いたい。そうでないとアンドロイド（人造人間）になってしまう。いや、すでにアンドロイドにしかできない事件が次々に起きている。小学6年の女児が、友達の首をカッターナイフで切りつけた事件も、心のないアンドロイドにしかできないことだ。

少し前までは家に産婆さんが来て、お湯を沸かし、赤ちゃんを取り上げ、それを家族全員で祝福していた。また年寄りの死も、家で少しずつ衰えていく様子を家族全員が見守り、家で葬式を挙げ、子供心に身内の死を感じ取っていたものだった。人間というのは生き物だから、生を受け、成長し、そして歳とともに機能がひとつずつ低下し、朽ち果てていく。「情緒」はこの根元的な生と死、そして愛する人との関わりの中で植えつけられる。

ところが、今やどこの家庭も病院で赤ちゃんを産み、そして病院で死を迎える。人間の生死までがON／OFF的に過ぎ去っていく。さらに残虐的なゲームがはびこり、子供の頭の中は、現実とゲームの判断がつかぬまま同居している。だから死をゲーム的に捉え、心がない無表情なアンドロイドが増えているのであろう。

親も、精神的に未成熟なまま、身体が大きくなっただけのように映る。それは教育者も同様だ。だから表層的なところにしか眼がいかず、「ジェンダー教育」を進めるのである。


三十数年来の友人である田中 博という男はなかなかの起業家で、中国やベトナムに食品工場を興し、そこで加工した海老などの海産物を日本に入れている。その彼は、日本から設備を入れ、品質管理をすれば、3分の1から5分の1のコストで日本と同じものが作れると言っていた。

その田中が嘆くのは中国の従業員のことで、日々トラブルが絶えず、人のものを持って帰るのは当たり前だという。彼が苦労したのは、食品会社であるから清潔をモットーに掲げても、風呂に入る習慣がなく、頭を洗うことは極めて少ないため、社長命令を出しても守るのは翌日だけ。そこで日本からシャンプーを段ボール箱で何箱も送り込み、全員に徹底しても、習慣がないのだから結局やらないのだと言っていた。

食事に出掛けても飯の中に黒い塊があり、その周りが黄色っぽいのでよく見ると、ねずみの糞だったりするそうだ。田舎のトイレで便をすると、その下には豚がいて、豚が今した便を旨そうに食べ、人はその豚を喰うらしい。そんな実状だから人件費が20分の1なのであろう。

そういったなかにあっても、日本から技術を吸収しようという人が何人もいて、しゃにむに勉強するため、日本人より優秀な人材も多いという。そのひとりに楊《やん》天萍《てんぴん》という25歳の女性がおり、彼女は日本に留学して1年目で日本語検定一級を取り、続けて日本人に混じり簿記試験一級を、クルマの運転免許証を、コンピューター情報処理資格などを取って、今では田中が営む株式会社三幸産業の経理を担当し、なくてはならない人材であるという。一緒に食事に行っても、日本人のぶりっ子とは違い、話の筋がしっかりしていて「アタシ！わかんない！」なんていう男に甘えた言葉は一切ない。

今や、中国も、韓国も、近隣のアジア諸国は、日本に追い付け、追い越せと勉強し、企業も標準化やISOを進め、中国の発展は日本の戦後復興の2倍のスピードであるという。その結果、日本の製造業が行なっていた仕事が次々とアジアに流れ、中小企業は櫛の歯が欠けるかのように、倒産が後を絶たない。

頑張っているのはアジアだけでなく、自動車大国のアメリカも同様である。米国の自動車産業は79年のオイルショックのあと苦境に立たされ、小型車を導入したが日本車の品質には歯が立たず、15年間も低迷し続けた。

その間、彼らは日本的な社員教育とチームワークを導入し、プロジェクトの権限を明確にした主査制度も、協力会社と一緒になって目標を達成するパートナーシップも日本から学んだ。そしてその成果がやっと開花し、ビッグ3は元気になった。

4-4「とりあえず習慣病」の恐ろしさ

アメリカやアジアが頑張っていたこの時期、日本の大半の企業は、何をしていたかというと、大昔にデミング博士が導入した統計的品質管理手法を持ち出し、さらにISOを展開し、これらに膨大なエネルギーを費やしている。そして決められたことしかできない人間に育つと、今度は「元気がなく自分の意見もいえない人が増えた」と、活性化プロジェクトたるものができ、人事制度に手を打っている。

標準化やISOというのは、社員を内向きにさせ、内部論議にエネルギーを消耗させるものである。そのため市場とのコミュニケーションを忘れ、創造的な活動ができなくなる。今、必要なのは創造力と自己の責任で完結できる能力である。自らプランを立て、実行し、さらに、その結果を第三者的にチェックするそういう能力が、今の我々に求められているのだ。それが個性的なモノを作る原動力になる。

アジアが日本を学ぶのは当然で、それは我々先進国の宿命である。そのアジア各国の目標である日本が、彼らと同じように、すでに卒業しているはずの標準化やＩＳＯをやっている場合ではない。他国が真似できない創造的なモノ、あるいは文化的背景に裏打ちされたモノを創ることを忘れてはならないのである。

日本が次のステップに脱皮できないのは、そういった決められた枠の中でしか動けない官僚的社会がひとつの要因でもある。考えてみると、我々は子供のときから決められた枠の中にいる方が心地よく、そのぬるま湯は気づかぬうちに温度が上がり、ゆでガエルになるまで浸かっている。

日本のインフラストラクチャー・コストが高く、それに伴って商品コストが上昇し、国際競争力が低下している原因はそこにある。

先日、大手電力会社の幹部社員向けの講演で、「日本の空洞化の原因はあなた方にあるのです」と次のような話をした。

「大企業では『社内論理』が優先されることが多いのですが、社内論理というのは『リスク分散型』、いや『リスク回避型』になっていませんか? リスクというのは分散や回避するのではなく、報酬とのバランスをどのように取るかなのです。

たとえば原子力発電所を造ろうとすると、安全を最優先し、規格品のボルトまで全数検査すると聞きますが、おそらく全数検査しても問題はなかったと思います。この検査費用も、上司に報告するレポートの費用もすべて電気代となって、お客が払っているのです。だから日本の電気代は世界一高いのです。それでいて、いざトラブルが発生すると、身体が動かず、取り返しのつかないところまで拡大してしまうのではないでしょうか。

中小企業の仕事が海外に逃げるのは、インフラ・コストを上げたあなた方に責任があるのではないのですか。中小企業はまだしも、大企業まで逃げたら日本はどうなるのでしょうか。

私自身、長い間モータースポーツをやってきて、世の中には『完璧』という言葉がないことを実感しました。F1を例にとると、マシーンの整備には万全を期し、スペアパーツからスペアカーまでも準備します。フェラーリ・チームには天気予報官までいて、レース当日の天候を気圧や湿度まで読んでセッティングを行なっています。

それでもレースというのは何が起こるか判りません。そこで臨機応変に対応するのが監督であり、チームの力です。この事前の準備と臨機応変の判断力が、レースの結果を左右し、結果は誰の眼にも明らかになります。モータースポーツは、監督やチームの能力が問われる試練の場であるため、海外メーカーのトップの方には、モータースポーツ経験者が多いというのも頷けます」

要は官僚的社会の決められた枠の中でしか動けない規格人間は、前に出なければならないこの時期に、大義名分の名の下で屋上屋を重ね、後ろ向きな作業にエネルギーを消耗し、リスクを恐れてしまうということである。

これらの問題は、前述の「とりあえず習慣病」がもたらしているように思う。「とりあえず習慣病」というのは、日々の生活の積み重ねが、その人の来歴となって脳裏に蓄積され、それが仕事や生活の中で無意識の行動となって表れるのだ。

「とりあえずビール3本」ではないが、我々は「とりあえず」が口癖になっていないだろうか。会議の席でも、今日のところは「とりあえず」といって「本来」を考えない。いや、小泉総理の構造改革も、本来なら「世界から憧れられる国」になろうというのがあって、それに向けて構造改革をすべきだが、「とりあえず」といって「本来」を考えずに法案を通過させてしまう。

「とりあえず習慣病」は、あるべき姿が描けないというだけではない。病院や警察、外務省の不祥事も、大手食品会社、電力会社、自動車会社の隠蔽も、事件の当事者からすると、それが普段の仕事の仕方で、とりあえずそれなりにやっているのだから、それが騒ぎにならなければ別にどうということはなかったのだ。だからこの病気にかかったところは同じ不祥事を何度でも繰り返す。この病気には自覚症状がなく、ましてや治療薬もない。これが日本中に蔓延してしまったのだ。

「日本たたき」で有名なブレストウィッツ氏は、次のように日本の将来を危惧する発言を行なった。

「日本は戦後がむしゃらに頑張った結果、高品質で安価な製品を大量にばらまいたため、各国から『ジャパン・バッシング』を受けたが、今は中国がかっての日本のようになったため日本を通り越してしまう『ジャパン・パッシング』となった」

事実、投資家は魅力ある中国企業に投資し、東証の取引はピーク時の4分の1まで下がったという。そして、「次は誇るべきものがない日本など誰も相手にせず『ジャパン・ナッシング』になるであろう」と痛烈な批判を行なったが、多くの事例が示すように、日本はこのままでは世界の幼稚国と位置づけられ、経済は回復しないまま衰退し、亡国になってしまう恐れが充分にある。

4-5　天然と養殖の違い

「ジャパン・ナッシング」は技術屋にもいえることで、工学部を卒業して自動車会社の開発部門に入社しても、スパナが使える人がほとんどいない。別に新入社員でなくとも、実験部門以外は10年選手も幹部社員もほぼ全員である。聞いてみると、子供の時に自転車すら分解したことがないというのだから、そんな連中が設計しても、まともなクルマなど作れるはずがないのだ。

エンジンの設計者であれば、種々のエンジンをバラし、限界までチューニングした経験がなければ良いエンジンは設計できない。傍からはそれぐらいは当たり前であろうと思われるが、当たり前のことができる技術屋が少ないのが実態なのだ。

クルマを開発するために給料をもらっているプロより、趣味で楽しんでいる人のほうが、はるかに詳しく、運転が上手な例はゴマンとある。毎日テストコースを走り、出張でサーキットに行って練習するメーカー・ドライバーより、休みにしか走れない趣味のレーシング・ドライバーのほうがはるかに速い。それは事実である。なぜなら彼らは速いだけでなく、いかにしたら自分のマシーンが速くなるかを24時間、３６５日考えているからだ。

たとえば、ピストンの形状を変えようとしても、１個、何万円もするから失敗は許されない。クリアランスひとつ決めるにも、試行錯誤しながら真剣に考える。試運転でもサーキットの使用料は異常に高いため、わずかな時間でサスペンションのジオメトリーを変え、ラップタイムを取りながらセッティングを行なう。

そのためレースをやる人は、運転だけでなく、エンジンもシャシーも含めて総合的に詳しくなる。特にレーシング・マシーンは、媚びたデザインなど一切なく、研ぎ澄まされた銃器のように冷たく緻密な機能であるため、接する人間も自然に身が引き締まる。

「好きこそものの上手なれ」ではないが、クルマに対する姿勢が、ぬるま湯に浸かった開発者とは根本的に違うわけで、身銭を切り、手に油するからこそ技術が身に付く。

英国の大学院を卒業して帰国した女性が「日本人って養殖の人が多いみたい。天然は自然の中でもまれ、力のないものは淘汰されるでしょ。でも養殖は温室の中で至れり尽くせりだから、大海では生きていけないのじゃないのかしら」という。生意気なことをいう女だが、養殖がモノ作りをしているのが現状で反論の余地もない。

ところが養殖ものが海外で挑戦しているこんな例もある。

岩崎　譲という徹底した生き方をしている男がいる。では何に徹底しているのかというと、それは趣味の英国の古いモーターサイクルで、それに自分のすべてを懸けている。彼は「なぜ、英国製の古いバイクが好きなのか」という、自分が好きになった理由を調べるために、早稲田の美術史学科を卒業後、英国に渡り、クリスティーズのファイン&デコラティブアート・ディプロマ科に入学した。

クリスティーズというのはアンティーク・オークションで有名だが、由緒ある大学院があり、そこでは絵画、彫刻、家具、銀食器、陶磁器について歴史背景などを勉強すると同時に眼力を養う学科がある。

その卒論を見ると、「英国車の英国性とは何か」について、62ページにわたり調査した結果を解説し、結論が導きだされていた。この卒論は、彼の「趣味の原点」を調べたものだから、英文を苦労して読んでも興味深く面白い。

彼は今34歳だが、趣味の時間を最優先にするため、定職には就かず、時間給のアルバイトで生計を立てている。趣味とは『アイリッシュ・ナショナル・ラリー』や、1930年代から続いている『パイオニア・ラン』を、クラシックバイクで走ることである。

その様子を簡単に紹介しよう。彼のモーターサイクルは1922年製のサンビームという名馬で、エンジンはバルブ・スプリングがむき出しのサイドバルブの500ccだ。ライトはカーバイトと水を反応させて発生するアセチレンガスに火を点けるもので、昭和初期に銀座の街路灯に使われていたガス燈と同じタイプである。もちろん、スピードメーターも積算距離計も付いていない。

それでも指示されたスピードにきちっと合わせ、昨年は200台中のなんと3位になり、お立ち台をにぎわせたのである。ではどうやって速度を調整するのかというと、スタート前に渡されるコマ地図の目印と距離から時間を算出して、その時間に合わせて走る。なにしろ82年も前の代物だから、完璧に整備しても何がしかのトラブルが起き、手持ちの工具で直しながら、アイルランドを5日間で約1000kmも走り続けるのだという。

当然、マシーンの整備はすべて自分で行ない、ない部品は旋盤を回して作ってしまう。彼はそういったことをしたいがために、自分のすべてをそこに合わせている。これは経済的にも大変で、ましてや個人で行なうことは至難の業であるはずだから、さらに突っ込んで話を聞いてみた。

年収は290万円で、そこからまず遠征費の50万円と、バイクの整備費用を引き、次に税金、健康保険、さらに月々6万円の家賃を払っているそうだ。残りが食費や、パソコンなどの通信費と本代である。

その6万円の借家もなかなか振るっていて、以前パン屋だった土間をそのまま使い、そこに立派な旋盤を据え、横にベッドを置いて寝室も兼ねている。だから風呂も台所も何もない。それでいて普段の買い物の足も、22年製のサンビームであるから、すべてが徹底している。

なぜ、こんな不便な生活をしてまでもこだわるのであろうか。それは至れり尽くせりの「コンビニ現象」に対するアンチテーゼであるかも知れないが、それをバランスさせる臨界点が非常に深いところにあり、自分を追い込むことによって、「金」では得られない贅沢を味わおうとしているように見える。

彼は以前から英語が得意であったわけでもなく、最初は英語を勉強するために、ロンドンの北、100kmにあるコルチェスターという町の英語学校に通った。なぜコルチェスターかというと、学生時代にバイトしていたダイナベクター（クラシックバイクの名門ショップ）の取引先であるアーマー・エンジニアリングという機械屋が、この町にあったからだ。

彼は、その会社の社長であるクリスさんからもらったノベルティ用のボールペンに書かれてあった住所を頼りにイギリスに渡った。そのボールペンを見せながら、片言の英語で日本から来たことを告げると、クリスさんは感激した様子で、彼を優しく迎え入れたのだ。そして1年間、英語学校に通いながらここで働いて、種々の技術と、息子のジャイルズ君から英会話を習得した。その後、クリスティーズで本格的に「英国らしさ」とは何かを勉強し、1998年に帰国した。

彼の卒論にも書かれているが、英国が行なったことは、新たなモノを発明するのではなく、世界の「目利き」になることによって、世界中から一流品を収集すると同時に、それらのデータを集め、分析し、ルール化することだった。

それは大航海時代から行なわれ、クルマにGTという名前が付いた由来もそこにある。GTというのはグランド・ツアーの略で、上流階級の人々が、息子たちを大陸に行かせ、自分の眼で世界の一流品を収集させ、眼を肥やすために行かせた旅行のことだ。

英国人はこうやって鍛えられた眼力と分析力によって、貿易では高価な香辛料の相場が変動することを分析し、外貨を稼いだ。スポーツの世界でも英国がルール化することによって生まれたものが多く、モータースポーツも例にもれず、フォーミュラは規定の意味であり、ルール作りに長けていたため、それによってモータースポーツが栄えたと彼はいう。

大英博物館とドイッチェ・ミュージアムを比較すると、それが如実に表れているから面白い。説明するまでもなく、大英博物館には英国製のものはまったくなく、世界中の宝という宝を集め、その集めた偉業に圧倒される。

ところがドイッチェ・ミュージアムはその逆で、入場した瞬間にドイツが発明した技術力に圧倒されてしまう。入口からはみ出さんばかりに置かれた蒸気機関の木造船、奥には第二次大戦で日本との連絡で活躍したUボートの潜水艦、クルマや飛行機のコーナーもドイツが発明したものが、これでもかと並べられている。

英国人が発明したものはほとんどないといわれ、英国のインチサイズのクルマでもボア・

ストロークはミリ表示であるように、エンジンはドイツで発明されたことを示している。

岩崎の調査によると、エンジンはドイツ人のオットーが１８６７年に製造し、モーターサイクルの原型は１８６９年にフランス人・ミショウが作り、エンジン位置を中央に置いたダイヤモンド型フレームは、ベルギーのミネルバが１９０２年に実行したのだという。最後にその集大成をして今の形態にしたのが英国のトライアンフであるから、やはり英国は発明ではなく、過去を整理してバイクの基本ルールを作ったのである。

彼は、ひとくくりにクラシックバイクといっても、年式によって呼び名が違うことを力説した。１９１４年以前に作られたものを「ベテラン期」と呼び、次の第一次大戦を含めた１９３０年までを「ヴィンテイッジ期」といい、第二次大戦が終結した１９４５年までを「ポストヴィンテイッジ期」、その後の１９４５年以降を「ポストウォー期」、それらを総称して「クラシック」と呼ぶそうだ。

興味深いのは１９２０年代に、すでにモーターサイクリングという文化が生まれ、サンビーム・モーターサイクル・クラブが、１９３０年に20年前に作られたベテラン期のレースを開催していることだ。それは今でも続けられ、毎年3月に『パイオニア・ラン』というロンドン‐ブライトン間の公道レースが開催されており、世界中から３５０台ものクラシックバイクがエントリーする。

英国ではクルマやモーターサイクルを年代ごとに整理し、繰り返し認識することによって、モノ作りの「文法」を自然に醸成していったのだろう。そこが日本のモノ作りとの差である。

4-6 なぜ、日本のクルマ文化は希薄なのか

この5月に、「浅間ミーティングクラブ」の中沖 満会長から、会合で何か話をしてほしいという依頼があり、モータースポーツ発祥の地である浅間火山レース場（正式には浅間高原自動車テストコース）にほど近い会場に足を運んだ。浅間火山レース（全日本モーターサイクル耐久ロードレース）は1955年、57年、58年（クラブマン・レースのみ）、59年の4回にわたって行なわれ、モータースポーツのみならず、日本の二輪車工業の発展の原点になったところである。しかし、今は残念なことにコースの一部がかろうじて跡を残すだけで記念碑すらない。

当時、学生だった私は、ブリヂストンのファクトリー・ライダーとして、全日本浅間火山レースの第3回に参戦した。スズキのレーシング・マシーンM‐40の間に、強制空冷のチャ

ンピオンで割って入り、7位に入賞したことを懐かしく思い、そんな話をした。夜は、この浅間からマン島、そしてイタリアGPで優勝した田中禎助さん、水沼平二さんなどと、50年近く前のことを、昨日の話のように語り合った。

田中禎助さんは、「世界GPへ向けての練習といっても『アサマ』しかなく、火山灰の路面は、水溜りや雨で流れた溝があり、足を出しながら滑らせて走っていた。そこからいきなり世界のマン島だから、コーナーでは思わず足が出てしまった」などと、45年も前のことを昨日のことのように話していた。

日本のモーターサイクルは、この「アサマ」によって急成長し、ホンダは59年から世界GPに挑戦、4サイクルのホンダと2サイクルのヤマハの性能の高さに世界が驚嘆した。しかし残念なことに、その「アサマ」の記録はほとんど残されていない。その現状に我慢しかねた有志が集まり、資料を集め、資金を出しあって10年越しに完成したのが、今、浅間火山博物館の横にある『浅間記念館』である。

有志というのが今回の「浅間ミーティングクラブ」のメンバーで、彼らは年会費6000円のうち3000円を貯金して、なんと10年間で3000万円を作り、残り2000万円を長野原町から出資してもらい、念願の記念館を1988年5月に完成させたのである。

第1回の55年は『浅間高原レース』といい、北軽井沢を出発し、ダートの1周19・2kmの県道を、125ccが3周、250ccが6周、350／500ccクラスが7周走るものだった。このレースは成功裡に終了はしたものの、県道でレースを行なうことは種々の問題があるため、専用のテストコースの建設に着工することにした。

ではサーキットをどうやって作ったかというと、今では考えられない方法が取られたのである。その話を軽井沢に住む知人の星野嘉苗《かなえ》さんに伺った。彼は軽井沢の老舗である星野温泉の代表取締役を務められた方で、浅間火山レースを実現させた星野嘉助《かすけ》さんの甥にあたる。

彼によると、群馬県にある妙義山を所有していた芝垣はるさんというご年配の方が、「自分もこの歳なので、この山をどのようにしたらよいでしょうか」という相談を老舗の星野嘉助さんに持ちかけたことがきっかけだったという。すると彼は、「群馬県にそのまま寄贈しなさい。それが一番よいでしょう」と言ったというのである。

そこが我々俗人とは違うところで、もしそこでリゾート開発でも薦めていたら、妙義山は今ごろ自然が破壊され、リゾートホテルと汚い土産物屋で覆われていたに違いない。今も素晴らしい自然が残っているのは、彼が唯金主義でなくスケールの大きな人間であったからだろう。

それからしばらく経って、１９５6年6月28日に「浅間高原自動車テストコース協会」が設立され、星野嘉助は土地の確保に当たった。交渉相手は無償で妙義山を寄贈した群馬県であるから県も恩義を感じ、県保有地15・7町歩と、嬬恋村保有地３・01町歩の借用が決定した。施設工事費用は総額１７６０万円であったが、１４６０万円を二輪車業界から出資してもらい、残りの３００万円は通産省から補助金の交付を受けた。業界は当時19社あった二輪メーカーに対して、会社の規模と生産台数によって振り分け、最高額を納めた本田技研が２１３万円と記されている。ちなみに出資した19社は本田技研、東京発動機、鈴木自動車、トヨモーター、目黒製作所、昌和製作所、新明和興業、ヤマハ発動機、丸正自動車、ヘルス自動車、マーチン製作所、川崎明発工業、ツバサ工業、富士重工業、宮田製作所、陸王モーターサイクル、富士自動車、大東構機、日本高速機関工業である。

このような背景から、１年有余の月日を費やし1周９・３５１㎞の日本で最初のクローズド・サーキットが完成し、１９５7年10月19～20日に、第一回浅間高原レースが行なわれた。

その席上、主催者は次のような挨拶を行なった。

「わが国の二輪自動車は、戦後急激な発達を遂げて、その生産台数は年間18万台、その保有台数は50万台を突破する驚異的な発展を致していることはご承知の通りです。すでに西独、伊、仏につぐ第４の生産国になったのであります。かかる段階において、二輪車業界に課せられた命題は、一に技術的に国際水準を抜き、二に海外市場の進出であります。思うに先進国である西独、伊、仏、英においては、国際レースを行い、またこれに参加し、耐久性能の向上と、海外市場への進出の場と致しております。

英国のＴＴレース、西独、仏、伊のグランプリレースは、あまりに有名であります。国際レースの覇者は、市場の覇者とされています。わが二輪自動車工業が、国際的信頼性を獲得し、輸出への道は国際レースの参加につながっています。かかる見地により、ここに第一回全日本モーターサイクル耐久ロードレースを開催せんとするものであります」（原文のまま）

この挨拶は、日本がまさに戦後の苦しい時代を克服し、世界の檜舞台に向かって飛び出そうという力強さを感じる。

ところが、日本のモーターサイクルの原点であるこういった記録が、私の知る限りでは公的機関には保存されておらず、雑誌の断片的な記事や、星野嘉苗氏、中沖 満氏個人の記録でしか確認できないのである。

世界のモーターサイクル・メーカーの数を、英国のドーリング・キンダースレー出版社のヒューゴ・ウィルソンが調査したところ、１８５５年に生まれてから今までに３４６３社も存在していたという報告がある。ちなみにそこには、イギリス：６８５社、ドイツ：６６７

社、イタリア：567社、フランス：479社、アメリカ：340社、日本は68社と記されている。

イギリス人が日本の戦後の混乱期に、どのようなメーカーが存在したのかを調べるのは至難の業であったろうから、気になり、今回あらためて調べることにした。ところが記録した資料が見当たらないのだ。

ある人に頼み国内にある資料を探してもらったところ、社団法人 自動車工業振興会が1978年に発行した『自動車博物館調査報告書（I）』に記載されていることが判った。しかし、そこに到達するまでには数箇所に電話をしなければならず、電話だけで半日を費やす羽目になった。

さっそく、その資料を求めて、芝大門にある自動車会館内の自動車図書館を訪れた。

それはA3サイズの横書きで厚さは1cmほどの報告書であった。内容はダブりがあったり、三／四輪のページに二輪が掲載されていたりで、正確には数え切れていないが、自分なりに判断して読み取ると、日本には283社のモーターサイクル・メーカーがあったことが判った。やはり英国人が調べた68社とは大きな差がある。この283社だと一気に英、独、伊、仏、米の数に近づくのである。

ところがこの資料を作るための出典元を見て唖然とした。モーターサイクリスト刊『国産モータークルの歩み』、ドライバー刊『日本のくるま100年』、小型自動車新聞刊『小型自動車界の歩み』、交通タイムス社刊『日本小型自動車変遷史』、各企業の社史などであるのだ。なぜ、社団法人自動車工業振興会は、一般の出版社や新聞社の資料からまとめようとしたのだろうか。会社を興す際には国に登録するわけだから、そこで検索すれば正確で判りやすいものができたに違いなかったはずである。

しかもこれは、内部資料で未公開であるという。確かに内容的には公開に値しないが、いずれにしても海外のメディア、いや我々でも眼にすることは難しい。海外からは、日本は判りにくいと言われ続けているわけで、本来なら過去のモノを大切にし、それをきちっと整理して公表すべきであるが、それがなされていない。

それについて考えを拝聴しようと責任者を訪ねたが、席を空けられており、代わりの方もおられないとのことで、残念ながら確認せずにある。

日本の公文書館は他国に較べて極端に貧弱である。たとえば職員数で数えてみると、日本はわずか42名で米国の60分の1しかいない。英国、フランス、カナダ、中国、韓国と比較しても、3分の1から16分の1である。公文書館そのものも47都道府県のうち、28ヵ所しかなく、3000を超す市町村には、わずか11ヵ所しか存在しない。しかも内容的にもおそまつであるという報告が、高山正也教授（慶応義塾大学）よりなされている。

公文書というと、公務員や歴史家が作った古紙というイメージが強いが、そうであってはならなく「知的財産」として必要なのである。それは「情報政策なくして未来はない」からである。

日本の自動車メーカーも最近になって、そうした先人たちの遺産の大切さに気づき、過去の資料や作品を収集し、ミュージアムを作るようになった。しかし、いまだに無頓着なところもある。

私はマツダの在任中に「マツダ・ミュージアム」を作ることを提案したが、資金的に難しいため、まずはマツダが発行したすべてのカタログを集めることから始めた。そうはいっても１９３１年からのすべてものを集めるのは至難の業である。なにしろカタログは、マツダには一枚も保存されていないのだから膨大な作業となる。

当時、私は親和会（社内サークル）自動車部「スピリット・オブ・マツダ」の部長を務めていたので、部員を動員し、社内外に呼びかけてカタログを集めた。その数は数万部に及び、会議室がいっぱいになった。それを業務終了後に整理し、社外の協力者にはひとりひとりお礼状を書き、その整理だけで数年を費やした。その結果、創業以来70年間にわたって発売されたクルマのすべてのカタログが、一枚も欠けることなく揃ったのである。

カタログだけでなく、レースの記録や関係する書籍も集め、それを「クルマ図書館」と名づけて公開した。その後、私が退職するため、この図書館を会社として管理する部門を探したが引き取り手がなく、自動車部が引き続き管理をしている。しかし残念なことに、次々と貴重な資料が紛失し、今や二度と元に戻らない状況にある。

マツダに限らず日本では、先人たちの遺産に無関心な人が多い。それは過去のモノを集めたところで、何の金も生まないからだという。そんなふうだから地に足が着かず根なし草なのだ。それがモノにも表れている。

前述のドイッチェ・ミュージアムを見られた方は多いと思うが、ここではドイツの技術が世界をリードし、人々に貢献したことを誇らしげに見せている。いや、誇らしげというよりは、これ見よがしの自慢が鼻につくほどだが、ドイツの威厳がこれでもかと並べられ、あらためて彼らの技術力に圧倒されてしまう。しかし、こういった活動がドイツ人のプライドを醸成しているように思うのだ。

ポピュラーなＢＭＷミュージアムも同様で、円柱型の建物内は、らせん状のスロープが最上階まで繋がっている。そこを時代考証に合わせたモーターサイクルやクルマを見ながら登って、最後にパノラマ型の映写室でＰＲ映像を見ると、映画の帰りにその主役になりきったような気分になり、やっぱりＢＭＷを注文しようかと思ってしまう。この自信に満ちた歴史と、ゆるぎない技術力を示すことによって、人々はＢＭＷに憧れを持つ。

マツダに在籍していた時の話だが、社外の方を対象にした席で、役員が「わが社はティアダウンといって、競合車を徹底して調査分析し、コストをいかに安くするかを進め、その成果がこのクルマに表れております」と説明した。それは横にいる社員にとっては情けない話だった。

だから私は、別の席ではあったが、「マツダはジャガーやポルシェ、フェラーリより歴史が古く、またクルマ好きの職人的な技術屋の多いメーカーです。そのためマツダのクルマは、ファンなドライビング感覚を大切に開発しております。今回のクルマも――」と説明した。

この「歴史が古く、クルマ好きの職人的技術屋がクルマを作る」という言葉は、社外に対するだけでなく、社内に対して必要であり、こういった考え方の積み重ねがクルマ作りのプライドを醸成するのだ。

フランスが生んだ世界的文学者であり、かつ大政治家でもあるアンドレー・マルロー氏は、次のような名言を残している。「国亡びるときは、その国民が自らの歴史を忘れる時にほかならない」と。それは企業もまったく同様である。

4-7 マットウなモノが作れない理由

マットウなモノが作れない理由のひとつに、過去のモノを大切にしないということも挙げられるが、その他に次の三つの理由があるように思う。

一番目は「使い捨て文化」である。

我々の父親世代は戦後、休むこともなくしゃにむに働き続けた。それは暗い我慢の時代から少しでも早く脱皮したかったからである。では何によって脱皮したかったのかというと、テレビや白い大きな冷蔵庫というアメリカ的なモノによって脱皮したかったのだ。

そして一気に大量消費の時代へ突入した。我慢の時代からは使い捨てが格好よく映り、60年代のロックンロールに乗り、次の高度成長はピーコックの如く日本中が華やいで、使い捨て文化を作った。さらにお父さんは働き続け、日本の商品も国際競争力が付くようになると、人々は経済的に余裕が生まれ、クルマから家までをも消費する大型消費時代に突入した。お客を消費者と呼び、消費が美徳とされ、人々は心の虚しさをモノを消費することによって晴らそうとしたのである。そこではマットウなモノを作る必要がなかった。

二番目は、「手のひらがモノの良さを忘れてしまった」ことである。

元来、人間はモノを作る動物で、モノを作り、それが壊れれば直すのは当たり前だった。

歩いていて下駄の鼻緒が切れればその辺の紐で直し、机や椅子がギチギチ鳴けば釘を打った。こうして手のひらは、何がよいモノかを判断する力を備えていた。

ところが情報化社会へ突入すると、良い情報で組み立てられたモノに価値を感じ、メーカーはいかにブランド・イメージを高めるかにしのぎを削り、人々はモノをイメージで判断するようになった。その結果、広告代理店がご褒美をいただき、モノのよさは、手のひらから情報上のよいモノへと変わった。

最近はすべてを情報で判断するようになり、それは医者も例に漏れない。昔の医者は患者の顔色を見て、手で体温と脈拍を読み聴診器を当てればどこが悪いのかがわかった。ところが今は身体で覚えず、データで判断するから大病院ほどミスを起こす。

以前、ガンディーニ氏とお逢いした時のことだ。天才にありがちな気難しさや、成功者に見られる高慢なところがなく、穏やかに丁寧に言葉を選びながら話を進めていたが、眼光には長い間に培われた価値観が宿っているように見えた。これが「デザイナーは眼を見ればわかる」といわれる所以《ゆえん》で、技術屋もデザイナーも、モノ作りにはモノ作りの「眼」がある。この「眼」は、純粋な心でモノを見ることと、手に油した経験のうえにあるように思う。それは医者の「眼」も同様である。

マットウなモノが作れなくなった背景の三番目には、モノを作る「人の器」が小さくなったということが挙げられる。

「モノは作り手の器に比例し、器は感動の量に比例する」、このひと言に尽きると思う。冒頭に「本など読むな！」という暴言を吐いたのは、知っているつもりでは、人が感動するモノは作れないからである。

昔から「若い時には借金してでも遊べ」と言われているように、遊ぶことは大切である。その「遊び」には「硬派」と「軟派」があるが、この硬軟両立が本当の遊びである。たとえば剣道ひと筋なんて聞くと、どこかカタブツの印象を受けるし、もちろん、軟派ひと筋ではどうしようもない。やはり硬と軟を徹底して遊ぶことが、人間的に豊かになれるものと思う。

私は仲間と富士の原生林でキャンプをすることがある。学生時代を思い出し、須走をバイクで、紺碧の空に向けて駆け上がる。これは危険だが実に痛快で、その余韻が当分残る。どうせ遊ぶなら余韻の大きい遊びがよい。また、この歳になってもレースが止められず、エンデューロもサーキットもギリギリのところで走る。一歩間違えると、大けがをするが、このギリギリが人には必要であると思う。

人は小さい時に肉体的な苦労をさせ、耐えて頑張り、達成する喜びを味わわせないと成長しないと言われている。しかし今のお父さんも、お母さんも、そういったことを経験していないのだから、子供も知らずに終わってしまう。

いや、遊びだけでなく、仕事も徹底してやることが肝要だ。卑近な例で恐縮だが、以前、昭和50年規制という2サイクルのEM（エミッション）規制があり、これをクリアしないと2サイクル・エンジンは存続できないというときがあった。各社は社運をかけ、マツダでは当時31歳の私がリーダーを務めた。

2サイクルは未燃焼ガスのHC（ハイドロカーボン）が多く、それを1000分の1にまで低減しなければならない。しかも排気ガス温度が低いため、リアクターや触媒は火が点きにくく、点くと一気に高温にさらされ、コントロールができないのだ。次々にアイデアを出し、その装置を自分で作りベンチに掛ける。その中で可能性のありそうなものは、実車に搭載し、通勤の道中で評価していた。

本来なら試作工場もあり、耐久テストは担当グループに依頼すれば済むのだが、時間がかかるだけでなく、テスト中の種々の変化が見えないため、すべて自分で行なった。

深夜に帰宅し、食事をしながらも常に考え続けた。基本的にはエンジンでベースEMを下げ、酸化触媒で後処理するまでには発展したが、解決しなければならない問題があまりに多い。考えられる手を次々に打つが、ことごとく失敗した。

布団に入ってからもまた考え続けた。すると人間というのは面白いもので、寝ていても考え続け、アイデアが出ると眼が覚め、枕もとに置いたメモ用紙に書き綴る。結果的には、夢は所詮、夢でしかなく、使えるアイデアは一件もなかったのだが。

そんな生活が続き、体重は10kgも落ちたが、ついに規制をクリアし、耐久性、燃費、出力、コストなどを総合的に満足させるエンジンは、最後まで完成させることができなかった。それはマツダだけでなく、他社も同様であった。

今、市場から2サイクルが消え、4サイクル・エンジンに替わったのは、その裏にこのような事情があったからだが、それでもこの挑戦には自分の力を出し切った満足感が残った。


以上の三つが「マットウなモノ」が作れなくなった背景である。まとめると、戦後の使い捨て社会では、いいモノを作る必然性をなくし、さらに手のひらはモノの良さを判断する力を失い、今では作り手の器まで小さくなったためだとは言えないだろうか。

だが、悲観ばかりではなく、少しはいいこともある。

まず一番目の「使い捨て」だが、バブルの崩壊により、人々は「とりあえず」から「どうせ買うなら」に大きく変わり、飽きずに長く使えるモノを選ぶようになった。

二番目の「手のひらの感覚」だが、やはりバブルの崩壊が効果を発揮し、ブームに乗って買ったブランド物も、骨董屋の丁稚奉公と同じように、使っていくうちに手のひらで、その良さが判るようになる。

けれども三番目の「器」の問題、これは難しい。器というのは感動の量に比例するため、子供の時に仕方なく勉強しているようではダメで、その時点で細胞が萎縮している。ナイフで指を切ったからといって死ぬわけではない。子供の時にしておかなければならないことは山ほどあり、そのひとつひとつの感動が大切なのである。

マットウなモノが作れない理由をこのように説明してきたが、しかし、その背景には根源的な別の理由がある。それは「日本は二流国である」ということだ。その自覚が必要なのである。

ところがそう思っていない人が多いのは、海辺の産業である家電／自動車産業を見ているからであろう。日本の産業は、海辺に家電と自動車産業が、丘の上に建築と土木があり、山の上には農業がある。海辺の産業は為替変動で水位が変わり、海外からの新技術や資本の手が伸び、常に荒波にさらされて強くなった。ところが丘の上や山の上の産業は、国からの手厚い保護を受け、いつまでも温室状態が続いている。

海辺で頑張っている企業は一流だが、政治は三流で、行政に至っては五流である。国民も学歴は高いが「知性」は三流であるようだ。よく聞く話に、海外に行ってレストランに入ってもまともに扱ってくれず、奥の暗い席だったりし、馬鹿にされたようだった、ということがあるが、まさにそのとおりで、ブランド品で身を固めても、「知性」は立ち居振る舞いに表れ、誰の眼にも明らかなのである。

政治家の立ち居振る舞いも同様で、海外から日本は「頭の悪い成金大国」に見られ、ＯＥＣＤだけでなく、各国から日本はたかられ放題なのはご存知のとおりである。

まずは我々自身が、二流、三流であるという自覚をもたなければ、ことは前には進まないのではないだろうか。

第5章

媚びないモノ作り

5-1　アイデンティティ／自分らしさと日本らしさ

友人に上野眞樹という世界的なヴァイオリニストがいる。彼は東京芸大を卒業後、ドイツに渡りハノーバー国立音大を卒業し、フィルハーモニア・フンガリカなどのコンサート・マスターを務め、なかでも三大テノールのパバロッティ、ドミンゴ、カレーラスと共演をするなど、25年間も活躍を続けて、02年の春、広響（広島交響楽団）のコンサート・マスターとして帰任した。

彼はドイツにいる時に、友人の民族音楽家から日本のヴァイオリンを聞かせてほしいと言われた。訊いた人は普通の会話のつもりであったようだが、言葉が返せなかったという。日本を離れ、世界の頂点を目指し完璧に勉強してきたが、そのひと言は、世界を目指す前に日本があるということを意味していたように聞こえたからである。

ヴァイオリンにはそれぞれの国の弾き方があって、アラブはノスタルジーを感じさせ、アイルランド、アメリカ、その他にもペルシャやインドなど、その国に伝わった弾き方があるという。では日本のヴァイオリンはと聞かれると、答えが出なかったというのだ。

彼はいろいろ思案し、日本の童謡や民謡こそ、そうであると考えた。民謡は5音音階で西洋の7音音階でこそないが、それを使っても日本らしさが表現できるからである。

そして、その童謡をCDにした。CDにした目的は、世界で苦しんでいる人々のための人道支援基金である。彼はこのたった1枚のCDで、アフガニスタンの子供が2年間も勉強できるといい、「音楽家は平和の戦士」をモットーに多彩な活動を展開している。少しはその助けになればと思い、クラシック音楽とはほど遠い私が、小さなコンサートを企画したが、そう簡単ではなかった。

そんな彼が、ドイツと日本の違いについて話をしてくれた。ドイツには100を超える交響楽団があるが、ドイツ人はわずか40％で、残りの60％が他国の人である。その楽団を、国や地方の厳しい財政で支援している。日本の楽団はおそらく指で数えられる範囲であろうから、ドイツという国がいかに音楽を大切にしているかが窺い知れる。

しかし彼らは、練習の集まりでも、本番でも、決められた時間しか働かないため、ぎりぎりにしか来ない。それでいて各自が勝手に個性を出すため、なかなか調和することがない。ところが日本に帰ると、予定より1時間も早く来てみんなが練習し、始まれば全員が一発で合う。しかし一発で合っても、合わせるために80％の力しか出していないから、それなりの響きにしかならない。いっぽう、ドイツでは、ひとりひとりが自分を出し切っているため、調和は難しいが、全員の力が合った時には考えられない響きとなり、観客も演奏者自身も陶酔するという。

これはいかにも、周囲との調和に気を遣う日本人らしい話で、控えめで自分の考えを表に出さないということだが、これが行き過ぎると、考えを持たない井の中の蛙になりかねない。いや事実、上野さんは難民問題では日本人ほど井の中の蛙はいないと言う。

ドイツでは国として難民を受け入れ、海外労働者も世界で最も多いといわれている。また個人でも、ボランティアでアフガニスタンやイランの難民孤児の面倒を見る人が多い。ところが一方で、これではドイツが弱くなるとし、ネオ・ナチが生まれ、強国を目指そうとする。

ドイツではこんな話題が日常的に会話となっている。しかし日本に帰ってきてみると、浦島太郎であったかもしれないが、世界がどっちに向こうが、何万人の人が死のうがまったく無関心であることに驚いた。情報は世界同時に流れるが、なぜ日本人の耳には入らないのだろうかと、彼は嘆いていた。

余談になるが、実は先日、こんな体験をした。渋谷のハチ公前の広場で、中高校生の7〜8人がストリート・パフォーマンスを演じており、その踊りっぷりはなかなか見応えがあったので、ついつい眺めていた。すると、その横で別の高校生のグループが、マイクを持ってイラクへの自衛隊派遣に反対する抗議行動を始めた。「我々、高校生は８６００人の署名を集め、小泉総理に訴えましたが、それは無視され、また憲法9条に反しても——」ということを、順番にマイクを持って説明していた。力強く言う男子もいれば、恥ずかしそうに小声で言う女子もいた。

そのなかで中心的に動いている元気な男子に、「君たちは若いのになかなか偉いねー。日本は自衛隊も派遣せず、何もしない方がいいと思っているの？」と聞くと、男子は小声で何か言ったようだったが聞こえなかった。「憲法９条を盾に取るのではなくて、本当に正しいと思うものに変えればいいじゃないの。今、正しいっていうことは何だろうか。いずれにしてもイラクの民主主義なんていうのは20～30年も掛かるのだから、ここで頭を冷やしたほうがいいと思うけれども」と意見を述べると、先ほどまで威勢の良かった男子は無言のままで、最後まで意志が確認できなかった。難しい問題だから意思表示ができなかったものと思うが、こういう高校生もいることが心強く思えた。

ダボス会議でも討議されたように、米国の軍事力による解決は多くの問題があり、一国主義ではなく、大切なのはテロの温床になりやすい餓えや貧困の国をどうやって救うかであると思う。この会議の最後にハーバード大のハンシントン教授は、「民主主義は世界の潮流になりつつあるが、欧米型を押しつけるのではなく、民主主義は各国の状況に合わせた形になるべきである」と締めくくった。

さて、そんな上野さんを我家のクリスマス・パーティにお呼びしたら、ヴァイオリンひとつで、ボロ家をコンサート・ホールに変えてしまった。「ドイツで出会ったイラン人のお爺さんがケマンチェというヴァイオリンの祖先の楽器を弾いていて、それに心が打たれたので聴いてください」といって演奏を始めると、不思議なことに彼のヴァイオリンがペルシャの路地裏で弾くケマンチェに聴こえるのである。ケマンチェといわれても見たこともないが、ペルシャの街の情景が浮かんでくる。

「次はアメリカのフェニックスに行ったとき、乾いた空気の中で、先住民のお土産屋さんの店先にいたひとりの老人が、150cmもある長い縦笛をもの悲しく吹いていたのです。この曲は日本の民謡と同じ音階でしたので、とても懐かしく心にしみた曲でした。ではそれをお聴きください」といってヴァイオリンを弾くと、今度はなんと先住民の縦笛のように聴こえてくるのだ。

傍で聴くヴァイオリンは、弦がこすれる音や、弦の息づかいで、もの悲しく聞こえたり、華やかに聞こえたりする。音楽などまったく無知な私でも、世界のトップクラスの人は、絃だけで人の心を震わせる力があることを知った。

しかし、世界の音楽家が彼に期待したのは、日本のヴァイオリンであり、日本らしさであったのだ。

日本は「グローバル化」を合言葉のように言い続けているが、我々はこの言葉に踊らされていないだろうか。もちろん、この流れから外れることはできないが、グローバルより日本らしさの方が大切であり、それがなければ世界から尊敬されず、優位にも立てない。グローバル化とは日本人のアイデンティティをなくして、欧米人に同化することではないのである。

5-2　日本らしさとは

では、日本らしさとは何であろうか。

それをひとことで言い表すことは難しいが、そのひとつに日本人固有の「情緒」がある。その「情緒」について、哲学者・九鬼周造は、明治以降、日本に押し寄せた輸入文化の波のなかで、日本らしい独自の価値を、西洋的な方法論によって分析し、発表した。それは昭和が始まろうとする１９２６年であった。

彼の「情緒」の分析は、『新万葉集』２８７０首の短歌を手引きに行なわれた。その中から43個の情緒を表す言葉を抽出し、さらに核となる主要な言葉を10個選び、その関係を繋ぎ「情緒の系図」を作り出している。短歌を選んだ理由として、歌は感情の発露であり、人が持つ諸々の感情を調べるには絶好の文献であるとしている。

感情の中核をなすのは「欲《よく》」と「寂《さびしい》」であるとし、それを中央に置き、その上には「驚《おどろく》」を、下には「嬉《うれしい》」「悲《かなしい》」「愛《あい》」「憎《にくむ》」の快／不快の感情を展開している。「恐《おそれる》」と「怒《いかる》」は本能的情緒とし、「寂」「哀《あわれ》」「憐《あわれむ》」「愛」「恋」を繋ぐ線が、人間的に重要な情緒であるという。

このように「情緒」を説明すると、哲学的でかえって判りにくいかもしれないが、じっくり時間をかけて読むと、情緒の深さをあらためて知ることができる。たとえば、「愛は常に愛惜《あいせき》（惜しんで大切にする）である」「言葉のうえでも『惜《お》しむ』は『愛《お》しむ』にほかならない」、また、「愛が愛惜《あいせき》として、愛するものの背景に、その消息を予見する限り……（中略）『愛《かな》し』という全体感情の中に『悲しい』が含まれている」という具合に、情緒がいかに奥深いかが判る。

また、日本人の精神生活が「寂《さ》び」

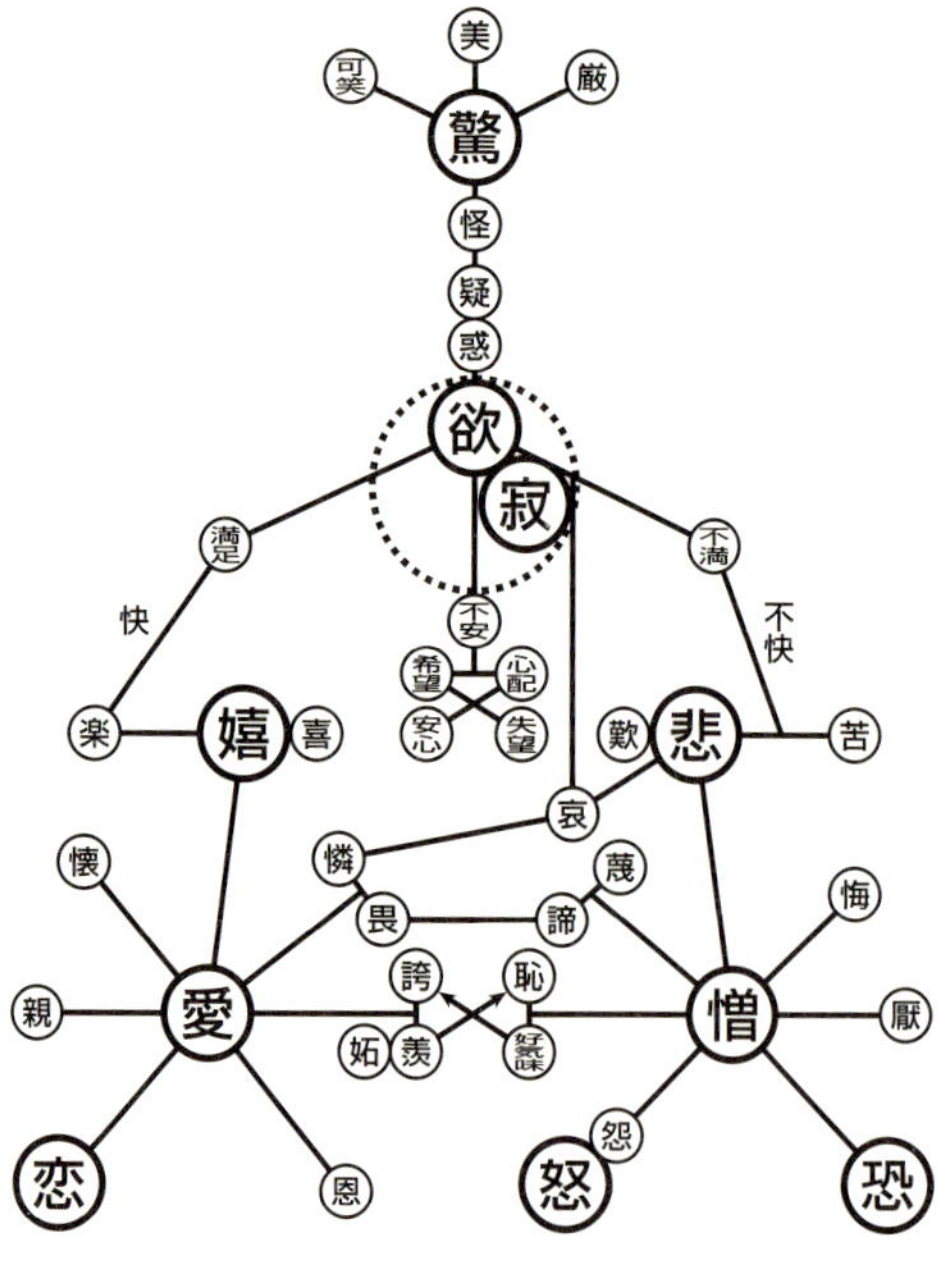

や「侘《わ》び」を尊重するのは「寂しさ」や「侘びしさ」の欠如性そのものを楽しむまでに訓練されているためであるという。今の時代、精神生活という言葉自体が理解できないが、色彩豊かな絵よりも、墨色の絵のほうが豊かに感じるという説明がなされると、妙に納得してしまう。

続けて彼は、捉えがたい日本の美である「いき」を、同じく西洋的な方法論によって構図化した。そのなかで「いき」というのは、その原型は「いきごと」で、それは「いろごと」を意味することでも判るように。異性との交渉に関する話であると記してある。

「いき」を説明づける直六面体は、上下に正方形を置き、底辺の四つの頂点は人生的である「地味」「派手」と、「上品」「下品」のそれぞれを対角線上に置いている。いっぽう、上面の正方形は異性的特殊性を表し、その各頂点には「渋味」「甘味」と「意気」「野暮」を同じく対角線上に置いた。

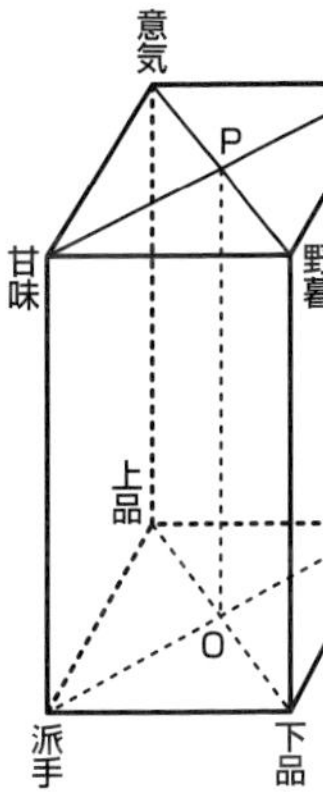

底辺の正方形のふたつの対角線の交点をO、上面の対角線の交点をPとし、この2点を結びつける法線OPを引くと、この法線OPでできたそれぞれの短形が種々の意味を持っている。たとえば「さび」はO／上品／地味の作る三角形と、P／意気／渋味の作る三角形とを両端面に有する三角柱の名称であるという具合に、「いき」に

関する言葉を定義づけている。また「いきとは垢抜《あかぬけ》して（諦め）、張のある（意気地）、色っぽさ（媚態）である」としている。

私がここで言いたいのは、そういった日本人らしい感情を定義づけようとする活動の裏には、個人の経験が大きく影響しているということである。同様に、クルマに日本らしさを織りこむには、やはり自らが何らかの情緒的体験をしておく必要があるように思う。周造の経験は凡人にはまったく縁もない話であるが、参考までに彼の情緒的な経験を説明しよう。

九鬼周造は、1888（明治21）年、九鬼水軍の末裔である男爵・九鬼隆一の四男として、東京・芝に生まれた。彼がヨーロッパにいたのは1921年33歳から1929年41歳までの8年間である。その間、「時間の問題」について講演したり、フランス語で論文を書いたりし、パリの哲学界では若い俊秀として認められ、特にハイデッガーやベルグソンに高く評価されていたという。

また彼は、実存主義者のサルトルのパトロン的役割を果たしていたという説もあり、サルトルが周造の家庭教師を務めていたというのは間違いないとされている。今の時代では考えられない話である。

ところで、彼がパリで書きおえた論文『「いき」の構造』について、その向こうには女性の姿があったことは想像に難しくない。それは次のようなことである。

周造の母は花柳界の出身であったが、結婚し男爵夫人の位置を与えられた。夫婦がヨーロッパ滞在中、九鬼男爵がその妻を日本に送る際、岡倉天心に託して船に乗せたが、長い船旅でふたりは熱愛関係になり、それが原因で離別した。周造も母のことで心を悩ませたに違いなく、また彼自身も親友のカトリック学者・岩下壮一の妹に恋をしたが叶わず、その後に結ばれた女性とも離婚し、最後は祇園の芸妓《げいぎ》であった中西きくえと生涯を終えた。

周造は、パリにあって東京のことを思い、20世紀にあってよき時代の江戸のことを思い、共にへだたる距離が大きかった。女性もまた永久に交わることのないものとされ、ふたつのもの、ふたつの文化、ふたつの性は彼の中では永遠に交わることがなく、その大きさ、対立、葛藤として、周造の思想を育んだといわれている。

このような経験が背景にあり、生活の感覚的事実に鋭く耳目を開き、母への思い、恋人の香り、そしてそれら女たちのすべての向こうに日本人の「情緒」「いき」を見ていた。それは明治以降の輸入文化の波のなかで、失いつつある日本文化について、その紛れもない独自の価値を、西洋的な方法論によって発表したのである。それは75年も前に日本文化の堕落を嘆き、行なわれたものだった。(岩波文庫『「いき」の構造』より)

ハーバード大学のジョセフ・オイ氏は、21世紀はハードパワーからソフトパワーに大きく転換し、その力が問われる時代であるという。ハードパワーとは軍事力や経済制裁によって世界を治めようとする今のアメリカ流のやり方で、ソフトパワーとは文化や環境指導などによる「憧れ性」によって世界をリードする方法である。そして今後は、このソフトパワーが世界を治めるという。

日本人には、「情緒」というソフトパワーがあり、それはお互いに譲り合い助け合うという「互譲互助」という精神から生まれているように思う。また世界に誇れる「武士道」という美学もある。

その「情緒」の必要性について、数学者であるお茶の水女子大の藤原正彦教授が次のような講演を行なった。

「独創的な数学者に必要なことは、頭の良さより人の性格であり器であり、それらの基となる情緒なのです。論理的に正しいことは誰にでも言えるが、正しい論理がいくつもある中でどれを選ぶかは、その人の情緒のため、人間的器が問われるのです。そして最後は天啓がなければ解決できません。この天啓は五つのステップを踏んで発生し、何ヵ月もかかった大問題が一瞬に解けることがありますが、それは日々の努力の積み重ねです。

資質を高めるには、豊富な知識／集中力／持続力／論理的思考力／情緒力という五つの力が必要で、基本はやはり情緒なのです。情緒とは美しいものに対する感受性であり、感動する心であり、また人の心の痛みや、ものの哀れを感じる心です」とはいえ、当の日本人が「情緒」を喪失し、「美学」の精神が何たるかが判らないばかりか、規範となる価値観すら持たず、経済優先の殺伐とした時代をさまよっている。

だからこそ、先人たちが過去にやってきたことを整理し、将来に向けた概念を組み立て、それをどのようなステップで展開するかを描き、最後にリーダーが全体を眺めて情緒的判断を下さなければならないのだ。

5-3 日本車らしさとは

では、日本車らしさとは何であろうか。

それは西陣織や漆《うるし》、あるいは障子を使うことなのであろうか。これは手段であって、フォードの懐古的モチーフ（後述）と同様であるように思う。日本車らしいというのは日本人の美意識の基本的な構造を明らかにすることから始まるのではないだろうか。

これは難しい課題だが、日本人は過去そうした「情緒」ある世界を創出してきた。そのひとつが「侘《わび》、寂《さび》」の世界である。利休が長次郎に作らせた手びねりの楽茶碗『侘茶』には、個性や主張を超えた桃山文化の精神美がある。実際に当時の楽茶碗を手に取ると、思いのほか軽く、媚《こび》、諂《へつらい》どころか主張すらなく、閑寂味《かんじゃくみ》の洗練された純芸術の世界が広がり、これこそが「侘、寂」の美学であることを知った。

茶に関してはまったくの素人で作法も知らないが、時々茶会に招かれることがある。しかも膝を痛めていてまともに正座すらできないが、その独特の文化に触れると背筋がスーッと伸び、えも言われぬ心地よい閑寂の世界で心が洗われる。唯金／唯物に溺れた自分を日本人の心に戻してくれるのだ。

利休の楽茶碗と同列に並べることはできないが、もしモノがここまでの完成域に達すると、今までの大量生産、消費、廃棄と決別することができるだろう。するとクルマは20年、30年、あるいはそれ以上に、家族の一員として一緒に暮らすことになる。

必要なのは我々自身が、「情緒」をどう認識するかだと思う。『「いき」の構造』を書いた九鬼周造の項でも触れたが、私は、日本人の情緒とは、「穏やかで温かく、どちらかといえば湿潤であり、控えめで静かである。そのためすべてを削ぎ落とした端正な『素』のものに美しさを見いだす」と認識している。

実はこの日本人の「情緒」を具現化したデザイナーが、今から300年も前にいたのである。それは尾形光琳といい、あまりにも有名な江戸元禄期の画家である。彼を含む5人の琳派の芸術家は「日本独自の美意識」を表現したとして知られている。

その5人とは、本阿弥光悦（1558〜1637年）、俵屋宗達（17世紀初めごろ）、尾形光琳（1658〜1716年）、尾形深省（乾山1663〜1743年）、酒井抱一（1761〜1828年）で、この系譜を琳派と呼んでいる。

琳派芸術の特色は、日本独自の装飾性である。それは芸術の自由を求めながら、その感性を潔癖《けっぺき》に表現したため、すべてを削ぎ落とした端正な「素」の美しさを表現している。この装飾観は日本人の美意識の根底にあるもので、西欧の装飾性とは違い、心の深みに響くものを求めている。かのエミール・ガレも装飾芸術家として有名であり、植物を描写し、日本の影響を強く受けているが、その表現方法はまったく正反対にある。

光琳が描いたこれらの作品を見るために、熱海にあるMOA美術館に足を運んだ。実際に彼の絵を間近で見ると、装飾美の芸術家と呼ばれているが、今でいうグラフィック・デザイナーそのものであった。

下絵のデッサンは、円形の中に描かれた鶴も、海の波模様も、せせらぎの波紋も、今流のグラフィック・デザインである。最も有名で画業の晩年に描かれた『紅白梅図屏風』は意匠と筆力にあふれ、完結した画面構成の意匠、黒地に金地を分ける曲線、水流部分に見られる波紋の意匠効果、これらが見る人に力のこもった反復印象を与え、光琳の筆力に感銘を受ける。ところがごく最近の科学的調査で判ったのは、金箔と思われていた部分からは金や銀の成分は検出されず、それらしく見せる独特の手法を用いて、あたかも金箔を貼ったかのように見せていることである。また波紋の反復模様は、筆で描かれたものではなく、着物の染付に使う型紙の手法によって造形されたことも判った。これらの技法は光琳画法の集大成であり、『紅白梅図屏風』には光琳のすべてが注ぎこまれ、オーラすら発信しているのである。

岡田茂吉（後述）が岡倉天心を訪ねたおり、「新しい日本絵画の将来は光琳を現代に生かすことにある」という卓説を聞き、「日本独自の美意識が琳派の芸術ほどはっきりと結実しているものはない」としている。やはり日本人の美意識を、琳派の5人の人々が表現したのである。

注目したいのは、酒井抱一を除く四巨匠は、みな京都の裕福な上層町衆の出であり、17世紀の上方《かみがた》の豊かな町衆文化圏は、琳派芸術の母胎であったらしいことである。

とりわけ、尾形光琳は京都の呉服商雁金屋の次男として生まれ、徳川秀忠夫人、後水尾天皇の中宮東福門院などの女性の衣装御用を扱う特権的な呉服商であった。そのため光琳の青年時代には、宮廷や大名家の婦女子が愛用した流行の先端意匠が溢《あふ》れていたと言われている。

また父・宗謙は、光琳30歳のとき、家屋敷、高級反物、大名貸の債権などの財産分けを遺言した後亡くなった。この莫大な遺産をわずか6〜7年の間に光琳は蕩尽《とうじん》してしまう。しかし、この莫大な遺産を使い果たした遊びが、彼の美意識を育み、独特の意匠美を作り出したように思うのである。

ところで、英国製のモーターサイクルは黒に金のラインを入れる塗装が一般的であると、誰もが思っている。ところがこれは日本の黒地に金地を入れる装飾に影響され、初めてサンビームが採用し、その後、英国のすべてのモーターサイクルに広がったのだと、前述の岩崎譲は言っていた。確かにそれまでの英国車には、グリーンや淡いブルーが使われていた。

この話から思い出したのは、1889年のパリ万博で、エミール・ガレが黒色のガラス・シリーズを発表して名声を勝ち取ったときのことである。これは水墨画の達人である高島北海がナンシーに渡って活動していたことがあり、その影響をガレが受けた結果で、それまでヨーロッパではタブーとされていた黒をガラスの壷に採用したという。

いずれにしても、九鬼周造、尾形光琳に共通して言えることは、「知性」と途方もない「遊び」から生まれた「美学」を持っていることである。「知性」とは頭が良いというのではなく、抽象的、概念的、総合的な認識を作り上げる情緒性であり、それによって、物事を考え判断する能力である。

今までのキャッチアップの時代は、決められたとおりに働き、個性など求められていなかったが、これからの時代は「知性」と「遊び」から生まれた「美学」を持たなければならない。これらの偉大な先人たちの遊びは、参考にもならない桁違いなものではあるが、いずれにしても「遊びは情緒を育む原点」であると言えよう。

注：岡田茂吉（1882〜1955年）はMOA美術館、箱根美術館などを創設し、東洋美術の海外への流出を防ぎ、「美術品は独占すべきものではなく、多くの人に見せ人間の品性を向上させることこそ、文化の発展に寄与する」との信念のもと戦後、美術品の蒐集に努めた。

5‐4　モノは作り手の器に比例する

昨今のクルマの発表会では、こんな光景をよく眼にする。

「このクルマは若い人たちの感性で作りました。我々年寄りは口をはさまず、ここにいる若手グループの感性で作ったのです」という開発トップからの挨拶である。

感性とか創造というのは、過去の経験の中からしか生まれない。20歳には20歳の感性しかないのである。そんな感性をアテにして、売れれば官軍とばかりに新車を世の中にまき散らしている。だから日本中が丸文字グッズだらけになるわけで、目利きがいない子供社会に、当の担当役員も含めて日本中が何の疑問も感じないでいる。

クルマには長い間培われてきた「文法」があり、モノは「文化」の上に成り立つ。それらを勉強せずして、クリニックと称し、素人に意見を聞くことが問題なのである。そもそも若手の感性が100年間のクルマの歴史や、偉大な先人たちが作り上げた哲学を超すことは絶対ありえない。

と、力説しても一方で、時代の流れはモノから「らしさ」を取り払い、作り手も「らしさ」が作り込めずにいるのも事実である。そこには三つの理由がある。

一番目は、急激に進む情報化社会により、世界中の生活環境が均一化したことが挙げられる。海外に行くと、昔、本で知った状況とは大きく違い、国と国の差がなくなった。いや、日本が西洋化したためだが、いずれにしても均一化されつつある。イスラムや発展途上国はそうでないが、いずれ民主主義の波が押し寄せ、世界中から「らしさ」が消えていくであろう。

二番目の「らしさ」が消えた理由は、クルマがグローバル商品となり、世界各国に輸出された結果、それぞれの国の環境条件に適合させるようになったからである。また、国境を超えた資本の波により、車台の共通化はもちろん、モジュール化した部品をサプライヤーが作り、関係企業で共用するようにもなったためだ。

そして三番目は、クルマがすでに完成域に達し、モノは完成域に達すると均一化するため、「らしさ」が世界的に薄らいでいると言えることである。

ところが皮肉なことに、顧客は文化的なモノに価値を感じ、メーカーも自社のアイデンティティを示そうと、歴史を紐解き、かつての栄光を今の時代に繋げる努力をしている。

このところのデトロイト・ショーにはフォードやクライスラーの苦悩が見える。それは大排気量のトルクで走る快楽に後ろ髪を引かれ、さりとてハイブリッドやEV（電気自動車）でもなく、とりあえずの小型軽量化は進めたものの、その先が見えないからである。

フォードは60年代を代表するサンダーバード、マスタング、GT40、シェルビー・コブラ——などの名車をモチーフにしたクルマを次々に発表しているが、それでは人は納得しないであろう。

というのは、60年代にそれらが格好よく見えたのは、その時代特有の文化と時代のパワーがあったからで、それをストレートにクルマ作りに表現し、デザインはそれを代弁しただけなのである。今でもこれらが格好よく見えるのは、ある種の憧憬が重なっていることは否めない。だからといって、その表面的なモチーフを今の時代に持ち出しても、人はモチーフにではなく、モノ作りの考え方に共感するのであるから、その考えを見せてほしいのだ。

余談だが、以前、ある大学の工学部から講演の依頼があり、こんな話をした。

「これから皆さんに粘土をお配りしますので、好きなモノを作ってください。と言ってあなた方に粘土をお渡ししたとします。するといろいろなモノを作るでしょう。思ったようにいかず失敗を繰り返し、なかには徹夜をする人がいるかもしれません。しかし、いくら頑張っても、できたモノはあなた自身なのです」

すると、キツネにつままれたような顔をしていたので、続けてこのような話をした。

「モノというのは、どんなに徹夜して頑張ろうが、その人の『器』以上のモノは作れないのです。器というと判りにくいかもしれませんが、今まで生きてきた経験以上のモノにはならないということです。もちろん、性格も表れ、おおらかな人のモノはおおらかになり、真面目で堅い人はモノも真面目で堅いモノに、神経質な人はモノもそうなるのです。

昔から『若い時には借金してでも遊べ』と言われているように、若い時には徹底して遊ぶことです。だらだら時間をつぶすのは遊びではありません。『遊び』には、『硬派』と『軟派』がありますが……。軟派は異性に対する心のときめきです。さらには愛する人への思いやりや、いとしさの感情が心を豊かにするのです。それは理論ではなく官能であり、この官能が

『情緒』を育むのです。今、当たり前のように言われている〝3回食事をすれば次はセックス〟などというのはすさんだ心を作るだけで、動物以下です。

戦後の日本は、過去の過《あやま》ちを反省し、それと一緒に日本の文化や、情緒までをも捨て去ってしまいました。そして経済効率一辺倒な、味もそっけもないモノに変わってしまいました。それはモノが変わったのではなく、人が変わったのです。

要はモノ作りの基準から、文化性や情緒的尺度が消えてしまったわけです。だからもう一度『器』を作るところから始めないと、世界から尊敬されるモノは作れません。

『文化』というと判りにくいかもしれませんが、その元は作り手の意思なのです。ユーノス・ロードスターには、歴史も文化もありませんでしたが、作り手の意思が明確であったことは確かです。その意思は、お客がこうあってほしいと思う『ユーザーのマインドを超えていた』のです。もちろん、ヒットした要因には時代的な背景もありましたが、クルマから作り手の考えが発信されていたと自負しています」

「若いときには、その時にしかできないことがあります。それは自分の限界を出してみることです。スポーツでも冒険でもなんでもよいのです。そんなことをしているうちに、自分の足が大地に着き、人の眼など気にならなくなります。その時が一番、輝いているわけで、放っておいても女の子は集まってきます。女の子の尻など追わずに、自分の限界を出して、それを見せてください」
そんな話を学生にした。

5-5　開発者はユーザーのマインドを超えよ

そうはいっても、「開発者はユーザーのマインドを超す」というわずか数文字が難しい。なぜならお客がこうあってほしいと思う心を感じ、それ以上のものを提供しなければならないからだ。

お客は、若葉マークの人からレーシング・ドライバー、さらには趣味の世界の人までさまざまで、日米欧を問わずすべてのユーザーのマインドを超えなければならない。さらにスポーツカーともなると、足元にも及ばないエンスーがいて、彼らのマインドを超すのは並大抵ではない。でも作り手にこの気概がなければ、完成したクルマはタダの鉄の箱になる。

同時に、お客に意識させることなく、あるべき方向に導ける商品が望ましい。これは開発者の永遠のテーマであるが、あるべき方向が何であるかが判っていなければ、そうはならない。

ところで、以前、ドイツのジャーナリトから「日本の商品は電気製品もカメラもモーターサイクルも、どれを見ても品質といいデザインといい実に素晴らしい。しかし、その企業のトップの方にお会いすると、その商品とイメージが合わないのです。それはどうしてでしょうか」と、耳の痛い質問を受けたことがある。

その場は、「日本はトップダウンではなく、チームワークでモノを作りますから、チーム全員のアイデアが入り品質も高まるのです」と返事して茶を濁したが、実際にはそんなものではなく、その企業が持つ総合的なエネルギーで決まる。そのため二流商品を作ってきたところが簡単には一流になれないのは、その企業エネルギーには数えきれないほどの理由があるからだ。

企業エネルギーを司るひとつに企業風土がある。モノには意識せずともその企業風土が表れる。学生に向けた講演ではないが、おおらかな企業からはおおらかな商品が生まれ、ギスギスした企業からはそういった商品が作り出される。そのため主査やチームが頑張ってもその風土の枠を超えたモノにはならず、その企業の文化を代弁することになる。しかし問題は、この企業文化が希薄であるから、主査は代弁もできずに、希薄な文化を背負ったクルマが世に出るところにあるのだ。

社員は上司の言うとおりに働き、上司も役員や社長の指示で動く。では社長が代わればその会社は変わるかというと、そうではない。そこには眼に見えない風土が脈々と続き、それは社長が代わっても簡単に変わることはない。

企業文化が希薄な理由は、あえて説明するまでもないが、クルマ作りに対する哲学が希薄であるからだ。哲学というと堅苦しいが、まずは「クルマとはなんだろうか」「人に対してどうあるべきなのか」ということを自問自答することではないだろうか。

自問自答したからといって、すぐには答えがでるものではなく、高い見識や目利きでないと、人々が共感する答えは得られない。しかし、たとえ答えが出なくても、考え方であるから百人百様であり、それが商品に反映される。

ところが多忙なトップは、こういう煩わしいことに時間を割けず、社外のコンサルティング会社や広告代理店に、CI（コーポレート・アイデンティティ）たるものを、さらにはクルマのコンセプトまでを丸投げしてしまう。そして心のない文字だけが、キャッチコピーの如く展開される。

これが「3‐1章」に記した知人の質問、「日本車はどういうクルマにしたいのかが判らない。最初からコンセプトがなかったのか、それともコンセプトを途中で修正したのか、いずれにしても開発者が何を訴求しているかが判らない」に対する回答である。

人はモノに接するとき、表層的な機能だけを留意するわけではなく、その裏に潜む背景も無意識に感じとっている。そのため作り手は、モノの文化的背景までをも作りこまなければならない。それも意識して作りこむのではなく、「情緒」が自然に表れてこなくてはならないのだ。はっきり言わせていただくならば、「情緒」のない者はモノを作ってはならないということである。

「ユーザーのマインドを超す」について、『メルセデスに乗るということ』という本の中で、メルセデスのヴェルナー社長は次のように話している。

「子供が望むからといってなんでも欲しいものを与えることが正しいのか。あらゆる企業がカスタマー・ファーストという言葉を使い、ユーザーが求める飴やチョコレートを与えている。しかし健康に良い歯ブラシや野菜を同時に与えてこそ、本当に子供を育てることでありユーザーのためになる。このように何がファーストなのかというコンセプトが今求められている」

モノ作りには「作り手の良心」を示さなければならないが、その良心とはお客が望むモノを作るということではなく、お客がたとえ望まなくても、人の命や社会に影響を及ぼすところは黙って手を打ち、作り手の考え方を示すことである。今、日本を代表する大手メーカーが世間を賑わせているが、他社でも同様のことが起きていたわけで、恥ずかしいことに「作り手の良心」など微塵も感じない。

松下幸之助が示した「モノ作りの前に人作り」とは、仕事の手順や問題の解き方を教えるのではなく、物事を情緒的に判断できる「器」を育むことであると思う。しかし「器」は、その人のＤＮＡや環境、さらには生き方そのものであるから、社会人になってから勉強しても形成は難しい。

今、国を挙げて科学技術立国を目指そうと、ＩＴやバイオ、ハイテクに力を入れ、夢と情熱を持って取り組もうとしているが、その前に必要なのはいかに手を汚した経験があるかである。その経験がなければ新しいモノは生まれない。

私の場合は、学校の勉強以外で得たものが、モノ作りにも、社会に出てからも役に立っている。それは知識ではなく、汗をかいて苦労して成しえた達成感であったり、手に油して独学で勉強したことであったり、喧嘩をして悔し涙を流したことであったり、恋をして熱く心が燃えたことであり――。そして結婚して子供が生まれ新たな生命を感じたことであったり、父親の死で悲しみに耽ったことであったり――。このひとつひとつの感動が、今の自分を作りあげたように思う。こういった感動の積み重ねが「器」を大きくするが、まだしたりないことが山ほど残っているため、私の「器」はいまだに成長しきっていない。

作り手は心を作り、その心はユーザーのマインドを超えねばならない。そしてプライドがなければ、人の心を動かすモノは作れない。その心とプライドを見せてほしいのである。

5-6　元気な日本を作ろう

竹中平蔵さん（金融経済財政相）が「景気見通しはやや上向き」と発表しても、国民は将来に不安を感じ、もう10年以上も財布の紐を締め、ニュースも暗いものばかりが流れている。さらに人口は減少するのだから、前述の如く経済が低迷するのは明らかで、年金問題以上に深刻な事態が数年後に来るはずだ。日本はこのままでは本当に亡国になってしまう。

ではどうしたらよいかというと、次の策があるように思う。

一番目は、子供をドンドン作ればいいわけで、この際、一夫多妻性を認めることは別にしても、子供ができても安心して仕事ができるシステムを確立することである。託児所ができてはいるが、実際には時間延長しても午後6時までで、37度の熱が出るとすぐに「引き取ってほしい」というから、仕事に就くのが難しいと嘆く女性が多い。託児所は近くの医者とリンクするなど、行政がもうちょっと頭を使ってシステマチックにすれば皆が喜ぶ。

いっぽう晩婚化は、女性の地位が向上し、総合職となって世間を見ると、男が頼りないため結婚しないという女性が増えたからに違いない。それならば男に喝を入れればよい。いささか極論ではあるが、徴兵制度を導入すれば、自分自身と向き合い、さらには国について考える機会も生まれる。それによって結婚が早まるのなら一石二鳥である。おそらく軍隊も徴兵制度もないのは、世界広しといえども日本だけであろう。

と力説しても、前述の如くすべてが後の祭りなわけで、今の人口構造を変えることはできない。それならばやるべきは、すべての活動を、拡大路線から縮小経済に対応したシステムに切り替え、その中で楽しい社会を作ることではないだろうか。

そのひとつとして、価値観のスイッチを「唯金」から「唯心」に切り替えることである。今、必要なのは「金」ではない別の価値観を持つことなのだ。

「無駄を省いて贅沢をする」、これがいいと思う。要は消費財には金を使わず、心が満足するものに金を使う。家電やクルマを次々に入れ替えても、いっときは嬉しいが、そこは我慢して文化を感じるものに金を使う。でないと、もし消費が回復しても、ゴミのような商品が売れたのでは、社会は潤うどころかますます汚くなってしまう。

文化というと、やれコンサートだ、美術鑑賞だといわれるが、それは短絡すぎるだろう。バブル時には日本中に美術館ができたが、それによって日本人が優雅な生活を送るようになったかというと、そうではないように思う。金を使わなくても、優雅に暮らすことはできる。それは自分の趣味に徹底することである。傍からどう見られようが、趣味の徹底は個人の文化にほかならない。

ではここで、日本人全員が優雅に暮らせる提案をするので、ぜひ聞いてほしい。

それは「全国の鉄道運賃をすべて無料にする」というものだ。一見、無謀に聞こえるかもしれないが、これは企業が個人に支払っている通勤手当を最寄りの鉄道会社に納め、それで運営を賄うというものである。

全線無料となれば、従業員は大幅に削減でき、通勤手当だけで運営できるかもしれない。もし採算が合わなければ、最後は税金を充当する。税金もこういう使い方なら誰もが納得するであろう。

これにより、期待できる効果は六つもある。

まずひとつ目は経済の活性化である。日本中の鉄道が無料になれば、人々は観光地ではなく、今までに訪れたことのないところへ出向き、日本の美しさを再認識し、そこに金が落ちる。東京や観光地でないところに目が向けられ、そこに新しい経済が生まれる。特に海外からの観光客には魅力的に映るに違いない。なにしろ成田からタクシーに乗ったら、あまりに高いので、その場でUターンして帰ろうと思ったというほどであるから、日本中の鉄道がタダになったら、日本のあちこちに外貨が落ちることになる。

当然、貨物も無料だから、物流コストは大幅低減し、高いインフラ・コストが下がる。インフラ・コストが下がれば、日本の製品は競争力を増し、世界市場で優位に立てる。

前述の世界最大規模といわれる700兆円の赤字国債、さらに増え続ける財政負担は消費税を充当し、それを何段階かで上昇させるという。しかし限界を超すと、今度は消費税を回避した地下経済が発生してしまう。だからといって企業の税負担を高めれば、企業は海外へ逃げ出し、雇用は減少し、国際競争力が低下する。

そのためには新たな切り口が必要なのである。今の暗い日本を変えるには夢のあるビジョンが必要で、こういった「明るい夢」を作れば、企業も通勤手当を増すことぐらいはするだろう。今、人々は金がなくて使わないのではなく、先が見えず不安であるから出費を抑えているのであって、心が満足するものへの支出は惜しまない。その結果、インフラ・コストが下がれば日本の商品は再び優位に立てる。

二番目は、CO_2の削減効果である。日本中の鉄道が無料になれば、誰もが自然に鉄道を利用しCO_2は削減する。貨物も無料だから、運送の主役はトラックから鉄道に戻り、CO_2排出量の20%と言われる運輸のうちの何割かが削減できるだろう。

今、CO_2削減のためにモーダルシフトを進めているが、それすら必要性がなく、自然にシフトされる。また東京は道路の構造が悪く、東京に入るクルマの40%弱が通過車輛と言われ、話題の第二東名は、ますますこの通過車輛を増やすだけであるが、鉄道が主役になれば、そういった工事も必要ない。

三番目は、街からトラックが消えることである。日本は発展途上国のように街中をトラックが走りまわり、コンビニの前のトラックは人に迷惑をかけ続けている。ところが鉄道がタダになれば、東京中に張り巡らされた地下鉄に貨物便を導入し、モノもタダで運ぶことができる。特に首都圏のデパートは地下鉄の駅の上にあるため、ダイヤが混んでない日中の便を貨物にするだけで東京の街からトラックが減る。さらにスーパーやコンビニは、フロア面積に比例した倉庫を義務づければ、店の前のトラックがなくなるだろう。それだけで街が綺麗になる。

四番目は、退職した鉄道関係者による第五次国土開発構想の促進である。具体的には多自然居住地域になんの心配もなく住めるように、けれど自然を壊さない住環境の整備を行なう。住環境とは情報網や交通、病院などのインフラのことだ。

五番目は、一軸集中の人口構造の緩和である。東京を中心としたベルト地帯に人が集まっているため、そうでない多自然居住地域に住んでもらい、人口の集中化を緩和する。リタイア後は、多くの人が自然の綺麗なところでゆっくり過ごしたいと考えているのだから、四番目の鉄道関係者の仕事と合わせ、元気な高齢者パワーを活用し、住環境の整備を進める。今後の仕事は時間や場所にとらわれず、成果に重きを置くものへと変わり、インフラさえ整備されれば多自然居住地域で仕事ができるようになる。

六番目は、日本人がこれによりおおらかになることである。鉄道が無料になる光景を想像してほしい。駅には改札口も柵もなく途中の検札もない。当然電車には指定席もグリーン車もないからみんなで譲りあって座る。駅に着いたら、今までのフェンスは取り外され、花々が咲き、それが街にまで繋がっていたら実に気持ちがいい。

少し前のことだが、クルマでイタリアを旅していたら、高速道路で大渋滞に嵌まってしまった。しかたなく最寄りのインターで降りようとしたら、白バイに乗った警察官がゲートを開けて「どうぞ！」と合図する。金を払おうとしたら、「そんなものはいらない」と言うのである。この時に思ったのは、イタリア人がおおらかだから警察官もこういう判断をしたのか、あるいは行政がおおらかだから国民がそうなったのかは判らないが、いずれにせよ、渋滞に嵌まっても警察官のおおらかな対応で気分が良かった。全国の鉄道が無料になれば、日本人もこれによっておおらかになると思うのだ。

この「全国、鉄道無料計画」を展開するには具体的な試算が必要だが、これによって今の平成不況や債務問題も、環境も、高齢者パワーの活用も、第五次国土開発構想も、一極集中の人口緩和も、さらには街の景観まで一挙に解決する一石六鳥の効果がある。

それだけでなく、この計画の本当の目的は、日本人が心の貧しさから脱皮し、世界の手本となる優雅な国を創ることにある。日本は顔が見えない国と言われ続けているが、視点を変えた活動により、世界から憧れられる国になるであろう。

今のままでは将来に大きな問題を残すのは明白であり、このまま亡国となるか、あるいは世界から憧れられる国になるか、今、我々はその岐路に立っている。

5-7 作り手のプライドを見せよ

親は子供を守る。すると子供はその家庭を大切にする。守るというのは甘やかすのではなく、責任を取って前に出ることである。子供の心は、そういった家庭で育つ。

会社は社員を守る。すると社員は会社を愛する。社員を見るとその会社が判るというのは、社風が知らず知らずのうちに社員を育てるからだ。

国は温かく国民を守る。これが政府の仕事である。前述のように日々、幼児虐待、未成年者の殺傷事件、通り魔殺人、65歳を超えた高齢者の犯罪の急増——、特に高齢者の犯罪は他国に例を見ないといわれている。社会保険庁の年金ばら撒き、警察官僚の不祥事、病院の過失致死、有事の対応遅れ――、こうした事件が当たり前のように起きている。日本を代表する大手自動車メーカーも、電力会社も、食品会社も人命に関わる問題を長い間隠していた。日本中のあちらこちらで「うそ」が当たり前のようにまかり通っているのは、「心」を失った人が増えたからだろう。それぞれの事件にはそれぞれの原因があるが、これは心を失った社会の縮図である。

前述の『11ヵ国青少年意識調査』にあるように、良識あるはずの人々でも「心」よりも「金」であり、社会なんかどうでもよく好き勝手に生きたいとある。

親が子供を守るのは、金でもなく、システムでもなく、「心」である。そうして育った心豊かな子供が、社会を育み、国を作る。その心がモノ作りにも表れる。本書で長々と唱えてきたのは「モノを作る前に心を作る」ことである。その心は個人の「情緒」という「美学」であり、この美学が日本人の「プライド」を育むものと思う。このプライドは技術屋としてだけでなく、日本人としてのプライドである。

この課題こそが、今の日本経済を支える技術者たちに求められている。その課題を解決することによって、「良心のある商品」が生まれ、人々から評価され、その企業は自然に足場を固めていくものと思うのだ。

これからの時代、美学のない「媚びた商品」は、ただの消費財でしかなく、消費財はゴミとなり、ゴミは出してはならないものである。

モノを作る人間はプロに徹し、研ぎ澄まされたモノを作らなければ、日本は世界の幼稚国として位置づけられてしまうであろう。我々の考え方が凛々しくなければ、研ぎ澄まされたモノを作ることはできない。では凛々しさとは何かというと、それは生き方ではないだろうか。

ある人は「日本のクルマは、メルセデスやジャガー、アルファのような位置づけにはならない。そこには眼に見えない人種的問題が絡んでいるからだ。いくら立派なことをいっても克服できる問題ではない」というが、それはそのような人種的な位置づけを感じさせる生き方をしているからではなかろうか。色が黄色いとか鼻が低いとかいうのではなく、おおらかな生活をしているかどうかが佇まいとして見え、それがモノに表れてしまうのである。


目を細くして遠くを見ると、21世紀は日本から世界に向けて、モノ作りのムーブメントを起こせるような気配を感じる。ルネッサンスは14〜16世紀にかけ人間復活をテーマにイタリアで生まれ、豪壮なバロックは17世紀にヨーロッパを風靡した。アール・デコはパリで花開き、そしてバウハウスは戦前のドイツから創出された。ガウディ建築に見られるモデルニスモ様式はスペインとイスラム文化の融合で、アール・ヌーヴォーは日本文化の影響を受けフランスで生まれた。

とすれば、西洋的なクルマではあるにせよ、いや、実際には前述のように彼らと同時期にクルマを創り出しているのだが、いずれにしても我々は、我々の「情緒」「美学」を再認識し、それによって日本のクルマに、修正を加えれば、色あせぬ価値を作り込むことは可能であり、世界に向けて普遍的な価値を発信できるだろう。

また今は、日本のモノ作りを変革できる時期であるようにも思う。考えてみると、変革するタイミングは今までに2回あった。1回目は70年代の高度成長が終わった時期であり、2回目はバブルが弾け不景気になり、物事を冷静に判断できる、まさに今なのだ。今なら技術を伝承できる職人もまだおられるので、彼らの力を使って、モノ作りを変革できるように思うのである。

長々とモノ作りについて話してきたが、このような活動によって世界から憧られるモノが日本に生まれ、世界から尊敬される国になることを願ってやまない。

あとがき

今や寝たきりになったお袋が、私に教えてくれたことは、「人の心」であったように思う。そんな私は、小学校のときから「武士は喰わねど高楊枝」なんていう言葉が好きだった。

その小学校は、名前だけは立派な学芸大学付属小学校（旧青山師範）である。当時は子供が多く、小学校でも二部制であったが、ここはわずか40数名のクラスだった。その中には元総理大臣の三木武夫の長女や、戦中戦後の日本の金を握っていた児玉誉士夫の息子、大手銀行の頭取の御曹司など、有力な家庭の子息が多かった。

私のように頭も悪く、貧乏な子供に対しては、先生の扱いも違うわけで、6年間ズーッと差別の対象であった。教育者だったお袋は、権威や金持ちにゴマをする先生の教育方針に問題があるとして、父兄全員の前で先生に教育の在り方を説いたものだ。

普段は優しく、控えめで、おおらかで、子供のため、人のためには、自分を犠牲にしてでも尽くしていたが、無言で背筋を伸ばして生きることを教えてくれた。そんな影響もあっていっぱしに「武士は喰わねど高楊枝」なんていう言葉が好きだった。

そのようなこともあり、私は自分の心に忠実に生きようとしてきたつもりだが、それが誠実であるかは別の話だった。誠実とは社会倫理上のことであるから、そこには常に何がしかのギャップが生じていた。そのギャップが知らぬうちに、自分を認識することに繋がっていたように思う。

早い話が、自己中心の我儘《わがまま》坊主で、自分の思いどおりいかないと仕事でも我慢できず、ブツブツいいながらも自分ですべてやってしまったわけだ。それを「手に油して」という言い方で表現している。実際には前述の如く、「モノは作り手の器に比例する」から簡単ではない。

そう言いながらも、私はこの本で述べたような想いをなんとか具現化したいと考え、今、ふたつのプロジェクトに携わっている。ひとつはマツダ・ロードスター（NB）1・6ℓをベースとしたコンプリート・カーの製作である。このNBは先代より種々の性能を向上させたにもかかわらず存在が希薄だ。そのためスポーツカーとは何なのかという原点に戻って、私なりに種々のチューンを施した。そうはいってもディーラーから新車を購入して改造するのだから、できる範囲は限られている。

エクステリアも私がデザインし、間延びをなくし、引き締まった造形としたので、ぜひ実車を見ていただきたい。フロントノーズとライトを変更することにより、ノーマルのフロントフェンダーがこんなに綺麗だったのかと再認識できることと思う。同様に、トランクリッドとリアバンパーを変更することによって、ノーマルのリアフェンダーの美しさも際立って見えるはずである。

インテリアも要素を削ぎ落とすことによって、LWSらしく、すっきりさせることに成功した。人は下手にデザインをするより、デザインレス・デザインのほうが気持ちよく感じることがあるからだ。

エンジンは、ダミーヘッドを付けて再ホーニングし、ピストン・クリアランスを適正に整えた。ピストン、コンロッドの重量を合わせ、クランクシャフトは軽量フライホイールを組みつけてダイナミック・バランスを取った。圧縮を上げ、燃焼室容積のバラツキをなくし、ポート形状を修正した。パワーの向上と異常燃焼を防止するためサーモスタットを変更し水温も下げた。

吸気系は、冷たいフレッシュエアをダイレクトに取り入れ、高速域のパワーを稼ぐため、管長を短くした。排気系も4・2・1の集合とし、メインパイプはノーマルが太すぎるため管径を絞って、排気脈動が出やすい形状とした。

もちろん、サスペンションやタイアにも、それに合わせたチューンを施しているが、面白いことに車高を10㎜下げ、軽量化を行なったことにより、バネレートを約25%上げただけで、ダンパーは変更することなくノーマルで充分いけたのだ。同様にサスペンション・ジオメトリーもトーイン量を減らしたほうがバランスが良く、それによって走行抵抗も減少した。

苦労したのは軽量化である。カーボンファイバーのトランクリッドなど種々の材料置換を行ない40kgも減量し、車輌重量を９９０kgに収めることができた。

このクルマのコンセプトは、かつて私が趣味的な手を加えたM２ １００１にも通ずるもので、パワーや絶対性能の向上もさることながら、質感の高い走りはアップテンポなリズムを刻み、スポーツカーの楽しさを再認識させることができるものと自負している。その中身の濃さをデザイン的にも表現したのである。そういった職人的技術屋の細かな積み重ねが、所有することの楽しさを創り出すものと思う。

車名もM２にあやかり『TD‐１００１R』にした。Tは立花、Dは出来君という相棒の名前である。販売はこの11月末からで、50〜１００台ぐらいを考えている。

もうひとつのプロジェクトについては、まだお話しすることができないが、この本の内容を具現化し、世界から尊敬されるに値するクルマにしたいと考えている。いずれお眼に掛かる機会があると思うので、楽しみにしていただきたい。

以上

●参考／引用文献
『「いき」の構造』　九鬼周造／岩波文庫
『尾形光琳とMOA美術館』　朝日新聞社
『自動車博物館調査報告書』　社団法人 自動車工業振興会
『1957年 浅間高原自動車テストコースのしおり』
社団法人 浅間高原自動車テストコース協会
『浅間高原自動車テストコース協会発行資料』
『第2回 浅間火山レース写真画報』　モーターサイクリスト出版
『ワールドカーガイド4 シトロエン』　ネコ・パブリッシング
『ワールドカーガイド6 ランチア』　ネコ・パブリッシング

愛《あい》されるクルマの条件《じょうけん》
こうすれば日本車《にほんしゃ》は勝《か》てる

2004年11月15日　初版第1刷印刷
2004年11月30日　初版第1刷発行

著　者　立花啓毅《たちばなひろたか》
発行者　渡邊隆男
発行所　株式会社 二玄社　東京都千代田区神田神保町2-2　〒101-8419
営業部　東京都文京区本駒込6-2-1　〒113-0021　Tel.03-5395-0511

＊　＊　＊

装　幀　黒川聡司（黒川デザイン事務所）
印刷所　株式会社 シナノ
製本所　株式会社 越後堂製本

ISBN4-544-04095-7

Ⓒ2004 Hirotaka Tachibana　Printed in Japan

JCLS ㈱日本著作出版権管理システム委託出版物
本書の無断複写は著作権法上の例外を除き禁じられています。
複写を希望される場合は、そのつど事前に㈱日本著作出版権管理システム（電話 03-3817-5670, FAX 03-3815-8199）の許諾を得てください。